Nazirov Nodirbek

Gestão de Atividades Empresariais Automóveis

Nazirov Nodirbek

Gestão de Atividades Empresariais Automóveis

no centro do distrito de Sharkhon, na região de Andijan, com base nas tecnologias de informação

ScienciaScripts

Imprint

Any brand names and product names mentioned in this book are subject to trademark, brand or patent protection and are trademarks or registered trademarks of their respective holders. The use of brand names, product names, common names, trade names, product descriptions etc. even without a particular marking in this work is in no way to be construed to mean that such names may be regarded as unrestricted in respect of trademark and brand protection legislation and could thus be used by anyone.

Cover image: www.ingimage.com

This book is a translation from the original published under ISBN 978-620-7-64135-2.

Publisher:
Sciencia Scripts
is a trademark of
Dodo Books Indian Ocean Ltd. and OmniScriptum S.R.L publishing group

120 High Road, East Finchley, London, N2 9ED, United Kingdom
Str. Armeneasca 28/1, office 1, Chisinau MD-2012, Republic of Moldova, Europe
Printed at: see last page
ISBN: 978-620-8-09130-9

ORGANIZACAO DA GESTAO DO CONCESSIONARIO DE AUTOMOVEIS NO CENTRO DO DISTRITO DE SHAHRIKHAN DA REGIAO DE ANDIJAN COM BASE EM TECNOLOGIAS DE INFORMACAO

Nesta monografia, a organização da gestão da estação rodoviária no centro do distrito de Shahrikhan da região de Andijan com base na tecnologia da informação levará ao aumento da eficiência das redes de transporte existentes, à criação do máximo conforto para os utilizadores dos transportes, ou seja, à poupança de tempo útil para os autocarros e residentes da estação rodoviária, combustível É afirmado sobre o consumo de lubrificantes e a redução de gases nocivos que saem dos motores.

Além disso, nesta monografia, é fornecida informação analítica sobre aplicações e dispositivos modernos na organização da gestão da atividade do concessionário automóvel no centro do distrito de Shahrikhan, na região de Andijan, com base nas tecnologias da informação.

Esta monografia destina-se a estudantes de graduação e pós-graduação.

A monografia foi revista e aprovada na reunião n.º 4 do Conselho do Instituto de Engenharia Mecânica de Andijan, em 16.12.2023, tendo sido dada autorização para a sua impressão.

Revisores: **M.Nurdinov** - Instituto de Engenharia Mecânica de Andijan

O diretor do departamento "Logística dos transportes" é professor associado.

A. Asronov - Departamento de Transportes da Região de Andijan, chefe de departamento.

ÍNDICE DE CONTEÚDOS

<u>INTRODUÇÃO</u>

Nas grandes cidades de todo o mundo, os indicadores de qualidade dos serviços de transportes públicos, incluindo as questões de levar os passageiros aos seus destinos a tempo e com conforto, as soluções modernas para os problemas existentes e a melhoria da qualidade do serviço, estão a tornar-se importantes. . A este respeito, está a ser dada especial atenção ao desenvolvimento de novas soluções científicas e técnicas para melhorar a qualidade dos serviços de autocarros urbanos em países estrangeiros desenvolvidos, incluindo os EUA, Inglaterra, Alemanha, França, Singapura, Japão e Coreia do Sul.

No mundo, a investigação científica está a ser levada a cabo no sentido de fornecer serviços de transporte à população, aumentar os seus indicadores de qualidade e melhorar o trabalho dos transportes públicos urbanos com base em abordagens abrangentes [4]. Neste sentido, entre outras coisas, é importante realizar investigação científica orientada sobre o critério de avaliação integral dos indicadores de qualidade do serviço de transporte nas rotas dos autocarros urbanos, determinando a influência dos cruzamentos controlados no seu modo de tráfego, garantindo o intervalo de tráfego planeado nas secções interestaduais. ganha. Ao mesmo tempo, considera-se necessário desenvolver um método para garantir o padrão especificado de indicadores de qualidade. Na nossa república, os trabalhos de investigação científica destinados a aumentar os indicadores de qualidade da prestação de serviços de transporte à população e a melhorar os transportes públicos urbanos com base em abordagens abrangentes estão a tornar-se uma prioridade. Nos últimos anos, o trabalho de investigação científica sobre a organização dos transportes públicos urbanos tem-se concentrado na resolução de problemas como garantir que os passageiros cheguem ao seu destino a tempo [8], garantir a segurança da circulação dos veículos e aumentar a eficiência económica do processo de transporte.

As questões relacionadas com a prestação de serviços de transporte à população dependem de muitos factores, cada um dos quais exige uma abordagem separada e uma solução complexa. Na Estratégia de Acções para o desenvolvimento futuro da República do Uzbequistão em 2017-2021, é necessário melhorar fundamentalmente a prestação de serviços de transporte à população, aumentar a segurança do transporte de passageiros e reduzir a libertação de substâncias nocivas para o ambiente, adquirir novos autocarros que sejam convenientes em todos os aspectos, estações de autocarros e estações de autocarros. questões de construção e reconstrução são destacadas. Um dos problemas mais urgentes que o transporte urbano de autocarro enfrenta atualmente é o de levar os passageiros aos seus destinos a tempo. Afinal, os engarrafamentos existentes na rede de ruas e estradas fazem com que os transportes públicos urbanos fiquem excessivamente presos nos cruzamentos, as velocidades médias nas rotas diminuem e, como resultado, os intervalos de tráfego excedem a norma especificada. Os casos de passageiros que utilizam os transportes públicos e não chegam a tempo aos seus destinos estão a aumentar de dia para dia. O facto de os passageiros permanecerem nas estradas durante muito tempo causa grandes prejuízos materiais à economia do nosso país.

Além disso, a decisão do Presidente do Uzbequistão de 16 de fevereiro de 2023 "Sobre as medidas de reforma do sistema de transportes públicos". Em 26 de maio deste ano, o Presidente visitou os transportes públicos e verificou a qualidade do serviço. Os novos autocarros criaram certamente condições adicionais para a nossa população. A tarefa agora é reduzir o tráfego nas estradas e garantir a livre circulação dos autocarros. O objetivo final é aumentar a cobertura dos transportes públicos em Tashkent para 2 milhões de passageiros, afirmou Shavkat Mirziyoyev. Em particular, no âmbito das visitas do Presidente às regiões, assinará várias decisões sobre o desenvolvimento dos transportes públicos.

Relevância do tema. O fluxo de passageiros devido ao facto de os passageiros passarem muito tempo à espera do autocarro na estação de autocarros do distrito de Shahrikhan, os intervalos entre os autocarros são alterados, os passageiros ficam insatisfeitos e mudam para outros veículos sem esperar. diminuição do rendimento, número insuficiente de autocarros em zonas densamente povoadas, transporte da população, levando ao aumento de situações que conduzem à falta de mobilidade.

Objeto de investigação:" Estação de autocarros no centro do distrito de Shahrikhan, região de Andijan".

Objeto de investigação: Melhoria do horário de circulação de passageiros e autocarros na estação de autocarros do distrito de Shahrikhan, poupando o tempo gasto pelos passageiros.

Notícias científicas: Organização do uso de tecnologias digitais na operação do autoshokhbekat, introdução de um sistema de pagamento moderno, introdução da aplicação móvel "TASHBUS" nos transportes públicos para o controlo dos passageiros e do autoshokhbekat, e a organização de serviços de operador de chamadas nas actividades do autoshohbekat.

As principais tarefas da investigação são as seguintes:

- Uma revisão da investigação científica baseada na gestão das actividades modernas dos concessionários de automóveis com base nas tecnologias da informação;

- Análise do fluxo de passageiros das rotas na estação de autocarros no centro do distrito de Shahrikhan da região de Andijan e da rota Andijan-Shahrikhan nestas direcções;

- Definição do problema da melhoria da eficácia da gestão do concessionário de automóveis no centro do distrito de Shahrikhan, na região de Andijan;

- Implementação de um sistema de pagamento eletrónico para otimizar o funcionamento do concessionário de automóveis do distrito de Shahrikhan, na região de Andijan;

- Introdução da aplicação móvel "TASHBUS" para os transportes públicos no distrito de Shahrikhan da região de Andijan;

- Justificar a eficiência económica da introdução da aplicação móvel "TASHBUS" para o transporte público de passageiros no distrito de Shahrikhan, na região de Andijan;

Importância prática dos resultados da investigação.

A organização da gestão do concessionário de automóveis no centro do distrito de Shahrikhan, na região de Andijan, com base nas tecnologias da informação, conduzirá a um aumento da eficiência das redes de transportes existentes e a resultados positivos na criação do máximo conforto para os utilizadores dos transportes. Por exemplo, é útil para os autocarros e os residentes pouparem tempo, consumo de combustível e lubrificantes e reduzirem os gases nocivos dos seus motores.

Aplicação dos resultados da investigação.

- Organização do serviço de operador de chamadas na estação de serviço automóvel de Shahrikhan na região de Andijan

- Introdução de sistemas de pagamento modernos na estação de serviço automóvel situada no distrito de Shahrikhan, na região de Andijan

- Organização da introdução da aplicação móvel "TASHBUS" no transporte público de passageiros no distrito de Shahrikhan da região de Andijan

Descrição da estrutura de trabalho.

Esta tese de mestrado é composta por uma introdução, relevância do tema, 3 capítulos, uma conclusão, uma lista da literatura utilizada e um apêndice.

O primeiro capítulo é dedicado à análise de trabalhos sobre o tema "Organização da gestão da atividade do concessionário automóvel situado no distrito de Shahrikhan, na região de Andijan, com base nas tecnologias da informação".

O segundo capítulo é dedicado à melhoria do trabalho sobre o tema "Organização da gestão da atividade do concessionário automóvel situado no distrito de Shahrikhan, na região de Andijan, com base nas tecnologias da informação".

O terceiro capítulo é dedicado à avaliação da eficácia do trabalho sobre o tema "Organização da gestão do concessionário automóvel situado no distrito de Shahrikhan, na região de Andijan, com base nas tecnologias da informação".

CAPÍTULO I. PRINCÍPIOS TEÓRICOS DA ORGANIZAÇÃO DA GESTÃO DA ACTIVIDADE EMPRESARIAL AUTOMÓVEL COM BASE NAS TECNOLOGIAS DA INFORMAÇÃO

1.1- §. Uma revisão da investigação científica baseada na gestão das actividades modernas de distribuição automóvel com base nas tecnologias da informação.

Depois de ter estudado as experiências mundiais, tentei analisar as tecnologias da informação e os sistemas modernos no sistema de transportes públicos dos países do mundo no que diz respeito ao funcionamento das estações de autocarros. Em particular, gostaria de me concentrar em vários dos países mais desenvolvidos em termos de transportes públicos e estações de autocarros. Por exemplo, em primeiro lugar, vou apresentar-vos o mais desenvolvido dos três países acima referidos, ou seja, a capital de Inglaterra, Londres, que é a capital do país, com informações específicas sobre as investigações que têm vindo a realizar nos últimos anos em matéria de transportes públicos e de abrigos de autocarros. Para todos nós, não para si, mas para todo o mundo, durante a pandemia, foram desenvolvidos procedimentos muito rigorosos e foram estabelecidos procedimentos de isolamento. Tal como noutras cidades, foram impostas restrições em Londres.

A pandemia do coronavírus reduziu drasticamente a procura de transportes públicos, uma vez que os londrinos seguiram os conselhos do governo para ficarem em casa. Entretanto, os vários períodos de confinamento puseram em evidência a dependência de muitos trabalhadores essenciais de transportes públicos de qualidade, acessíveis e seguros para os hospitais, lares, escolas, fábricas e lojas em todas as zonas de Londres. Entretanto, as alterações climáticas constituem uma emergência real e atual, como o demonstram as recentes inundações em Londres e em toda a Europa e o número crescente de incêndios florestais na Europa, no Médio Oriente, no Norte de África, na América do Norte e na Austrália. O Presidente da Câmara de Londres clarificou, por conseguinte, as suas ambições de que Londres se torne um líder mundial na luta contra a dupla ameaça da poluição atmosférica e da emergência climática, e estabeleceu o objetivo de que Londres se torne uma cidade neutra em termos de emissões de carbono até 2030, em 2050.

Ao voltarmos a nossa atenção para um mundo pós-pandémico, temos de garantir que a recuperação da nossa cidade é verde e inclusiva, apoiando as empresas locais e regenerando os centros das cidades e as ruas principais. Para tal, é necessário um sistema de transportes que leve os londrinos e os visitantes aos seus destinos de forma rápida, fiável e sustentável. Os objectivos, resultados e políticas da Estratégia de Transportes do Presidente da Câmara, em especial a necessidade de assegurar uma mudança sustentável dos modos de transporte, são fundamentais para evitar uma recuperação baseada no automóvel. Se não continuarmos a mudar a forma como nos deslocamos para opções mais sustentáveis e eficientes em termos de espaço, as nossas ruas ficarão paralisadas, a qualidade do ar deteriorar-se-á, a nossa saúde pública deteriorar-se-á e não conseguiremos fazer face à emergência climática.

A melhoria do serviço de autocarros será fundamental para que estas mudanças se concretizem. Os autocarros são a forma mais rápida, mais fácil e mais barata de substituir as viagens de carro por transportes públicos. O investimento na rede de autocarros pode também apoiar outras medidas, como a tarifação da utilização das estradas. Chegou o momento de definir uma nova visão para a forma como planeamos, gerimos e desenvolvemos a rede de autocarros de Londres, de modo a garantir que esta responde às necessidades dos londrinos e satisfaz as exigências. Desafios enfrentados pela capital e rumo a um futuro mais verde e saudável Ao iniciarmos este trabalho, reconhecemos os desafios que enfrentamos.

O impacto da pandemia levou a uma queda na procura por parte dos clientes e a uma diminuição das receitas tarifárias. Estamos agora a enfrentar desafios de financiamento sem precedentes. Em resposta, anunciámos o nosso Plano de Estabilidade Financeira em janeiro de 2021. Este plano inclui propostas para ajustar os níveis de serviço dos transportes públicos, incluindo uma redução de quatro por cento no número de autocarros. Acreditamos que estes cortes não prejudicarão materialmente a nossa capacidade de trazer as pessoas de volta à nossa rede ou os objectivos políticos gerais do Presidente da Câmara e do Governo, à medida que adaptamos as alterações aos serviços para satisfazer a procura em mudança. pandemia.

Embora tenhamos feito bons progressos no sentido da estabilidade financeira como organização, precisaremos de apoio operacional contínuo para 2022/23, à medida que ajudamos Londres e a economia do Reino Unido a recuperar. No entanto, podemos agora ver o processo de recuperação. A procura de serviços de autocarro aumentou de forma constante entre a primavera e o outono de 2021. Depois que a demanda caiu e os londrinos seguiram as restrições e diretrizes do Plano B do governo, a demanda aumentou novamente para mais de 80%. níveis pré-pandêmicos em alguns dias. Trabalhamos arduamente para que os clientes regressem com serviços fiáveis, seguros, frequentes e limpos. Uma rede de autocarros reduzida não é o que Londres precisa a longo prazo.

Em muitas zonas da capital, o autocarro é a única alternativa fiável ao automóvel para deslocações que não podem ser feitas a pé ou de bicicleta. Uma rede de autocarros em declínio significa que cada vez mais londrinos dependem do automóvel para se deslocarem. Isto provoca mais tráfego, torna mais seguro e atrativo para as pessoas deslocarem-se a pé ou de bicicleta, aumenta as emissões e afecta a qualidade do ar e desencoraja os londrinos. Temos de dar as boas-vindas aos nossos clientes, encorajá-los a utilizar o autocarro para mais viagens e incentivar os automobilistas a utilizarem o autocarro. Este plano é um apelo à ação para todos os que podem desempenhar um papel na transformação de Londres numa cidade mais verde e mais justa durante a próxima década - um excelente local para viver e trabalhar, mais conectado e integrado.

As autoridades locais, os grupos comunitários, os defensores dos transportes sustentáveis, o sector empresarial e as organizações que representam as necessidades dos nossos clientes, incluindo o governo, os bairros londrinos e a nossa rede para além dos limites da GLA, desempenham um papel importante na defesa das viagens sustentáveis. planeamento e execução de mudanças na infraestrutura e na rede de autocarros. O nosso Plano de Ação para os Autocarros define a importância da rede de autocarros para o desenvolvimento futuro de Londres. Queremos trabalhar com estas partes interessadas durante a próxima década.

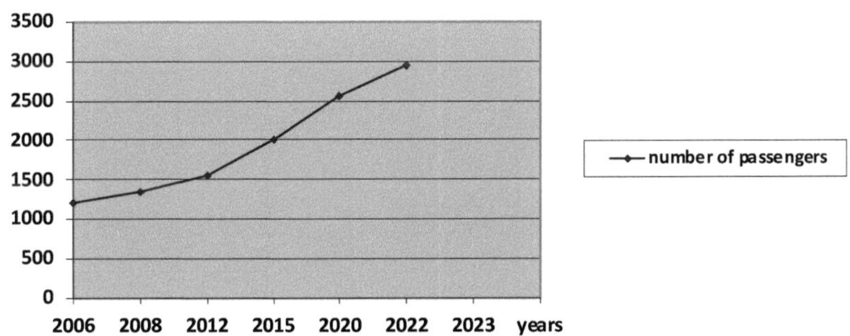

1.1.1- gráfico do crescimento dos passageiros ao longo do ano

Trata-se de tirar o máximo partido da nossa rede de autocarros para os londrinos e visitantes e de garantir que as viagens de autocarro desempenham um papel importante na regeneração ecológica de Londres. Pode ver tudo isto no gráfico principal abaixo, que mostra como os transportes públicos de Londres mudaram entre 1984 e 2020, e o número de pessoas que utilizam os transportes públicos também aumentou em conformidade.

Nesta imagem, mostrarei o aumento do número de pessoas que utilizam os transportes públicos durante o período de 2006 a 2023 e como os benefícios dos transportes públicos aumentaram drasticamente durante estes anos.

As principais alterações registam-se, por exemplo, nos anos mais recentes:

Em 2003, o desenvolvimento de uma taxa para o congestionamento do tráfego

Em 2004, foi introduzido um sistema de traif uniforme

Entre 2005 e 2006, foram introduzidas tarifas de autocarro gratuitas para os menores de 16 anos e depois para os menores de 18 anos.

Em 2014, os autocarros farão pagamentos totalmente sem dinheiro

Basicamente, para mim, o sistema mais recente é muito desejável, como mostra a imagem deste sistema

1.1.2- imagem da atividade dos terminais de pagamento eletrónico

(EUA)

Sendo um dos países mais desenvolvidos do mundo, os Estados Unidos da América estão na vanguarda das tecnologias de transporte público. Definição eletrónica Os pagamentos para autocarros, comboios e transportes públicos através de cartões "Metro" são utilizados nos metropolitanos desde janeiro de 1994. As informações em tempo real estão disponíveis ao público através de aplicações móveis e ecrãs.

1.1.3- quadro.

Direcções de desenvolvimento das tecnologias digitais no domínio dos transportes

Direção de influência	Uma amostra de tecnologia
Circulação eletrónica de documentos	Introdução de bilhetes electrónicos, emissão de documentos de viagem à distância; criação de "escritórios virtuais", prestação de serviços a clientes sem contacto pessoal
Comunicação remota	Utilização das tecnologias de comunicação digital para a comunicação à distância em direto
Efetuar um pagamento	Utilização de aplicações móveis para pagamentos móveis, documentos de viagem uniformes, serviços de transporte
Tecnologias de nuvem	Processamento de dados a um novo nível: utilização da tecnologia "big data" para recolher e analisar dados sobre o fluxo de tráfego
Sistemas integrados de gestão dos transportes	Reorganização dos sistemas de gestão dos transportes, sua automatização; participação do cliente na gestão e no controlo da carga
Transporte inteligente sistemas	Automatização e robotização do controlo do fluxo de tráfego, previsão do ambiente de tráfego, apoio a sistemas de piloto automático
Plataformas de	Criação de plataformas digitais destinadas a

prestação de serviços logísticos	prestar serviços de logística, incluindo a reserva e a encomenda de bilhetes, a procura de transportadores de carga, a determinação da melhor rota

1.1.4- quadro.

Resultados da digitalização no sector dos transportes

Uma amostra de tecnologia	Tarefas tecnológicas
SARTRE	Um programa para criar um veículo de passageiros com controlo remoto unificado para peões e para o ambiente
Vaivém aberto	Sistema interativo de configuração de cargas através de carrinhos automáticos
Seleção por luz	A utilização de indicadores luminosos especiais para facilitar o funcionamento dos veículos robóticos
Colocado por Beamer	Aceitação de mercadorias em modo automático e tecnologia de distribuição Complexos portuários automatizados A utilização de sistemas de armazenamento automatizados nos portos marítimos, principalmente nos terminais de contentores

Tecnologias digitais actuais na China. O sistema de transportes públicos da China utiliza tarifas electrónicas nos autocarros. Sistema de pagamento de bilhetes de autocarro com cartões "Magnet ID". Esta parte integra plataformas de informação através da inteligência dos transportes urbanos. Planeamento dos transportes para garantir a velocidade, sistemas de transporte para expedição, funcionamento do sistema de transportes públicos. O modo de transporte público também está disponível em plataformas Internet, tal como a informação sobre toda a Internet. As informações em tempo real são fornecidas em linha e sob a forma de ecrãs de informação nos veículos e nas estações de transportes públicos.

Tecnologias digitais actuais no Japão. Se compararmos com o número de passageiros transportados por transporte doméstico no Japão, em 2010, o número total de passageiros transportados por veículos domésticos era de cerca de 31,17 mil milhões e, em 2019, o número de passageiros neste indicador era de 25 mil milhões.

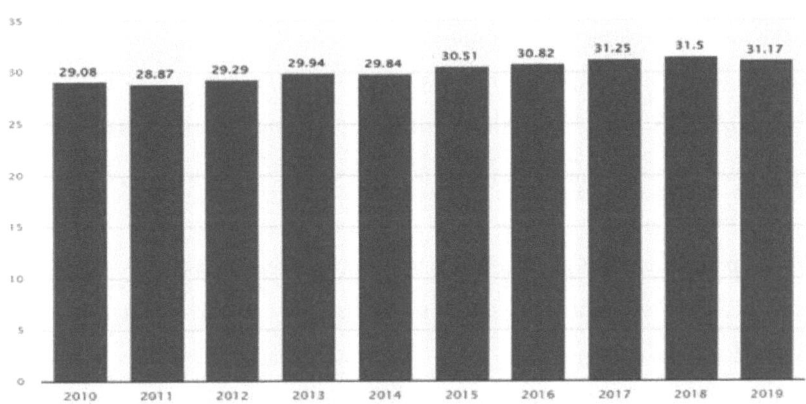

1.1.5- imagem. Percentagem de passageiros transportados por transporte nacional no Japão de 2010 a 2020

Noutro exemplo, vamos conhecer a avaliação do sistema de transportes públicos em 11 cidades chinesas de 2009 a 2020. Os resultados mostram que o ambiente exógeno tem um impacto significativo na medição do desempenho do sistema de transportes públicos. Considera-se que as super cidades dispõem de melhores infra-estruturas de transportes do que as megacidades e que as megacidades estão mais bem equipadas do que as grandes cidades. Além disso, a eficiência do serviço tem uma correlação positiva significativa com a eficiência da produção, e o comboio de trânsito funciona de forma mais eficiente do que um autocarro típico. Estas fontes são importantes para os conceitos gerais de gestão da implementação da prioridade ao autocarro e do desenvolvimento dos transportes públicos na China.

A urbanização é uma das principais tendências do desenvolvimento humano. A nível mundial, em 2020, podemos constatar que o fosso entre o número de pessoas que vivem nas cidades e o número de pessoas que vivem nas zonas rurais diminuiu significativamente.

Verifica-se que o aumento do número de cidades provoca uma série de problemas económicos, administrativos, ecológicos e socioculturais relacionados com os transportes nestes locais. Para resolver os problemas acima referidos, é necessário desenvolver um sistema de transportes urbanos que possa satisfazer plenamente as necessidades colectivas e espirituais da população.

O papel das infra-estruturas de transportes urbanos é muito importante para o desenvolvimento das cidades modernas. As estradas urbanas suaves e confortáveis são a base das infra-estruturas urbanas. É evidente que as economias dos países com infra-estruturas de transportes bem desenvolvidas estão a desenvolver-se rapidamente, e o potencial de transportes do país continua a ser um dos principais factores de atração de investimentos estrangeiros para o país.

Atualmente, muitos países estrangeiros estão a prestar muita atenção ao desenvolvimento global dos transportes públicos urbanos. É muito importante melhorar ainda mais as actividades deste sector, apoiando novas ideias inovadoras no desenvolvimento das infra-estruturas de transportes.

As tarefas que se seguem são importantes para o desenvolvimento das infra-estruturas de transportes nas cidades modernas:

- tornar o sistema de transportes urbanos mais fiável, mais rápido e mais conveniente para a população;

- implementação de novos tipos de transporte;

- melhoria mais eficaz do sistema de gestão dos fluxos de transporte para a população;

- garantia fiável da segurança do tráfego nos transportes públicos urbanos;

- aumentar significativamente o nível de desenvolvimento de estradas e estações de autocarros, auto-estradas e outras instalações tecnológicas nas cidades e zonas remotas.

A caraterística mais singular do sistema de transportes urbanos nos países europeus é a sua elevada precisão em termos de tempo de viagem. Se a hora de chegada do passageiro a um destino específico estiver escrita como 09:25 no horário, então o veículo chegará ao destino do passageiro exatamente vinte e cinco minutos depois das nove horas. De facto, um sistema de transporte móvel de alta precisão como este não deixará de atrair os residentes e visitantes da cidade. Note-se que garantir o movimento do sistema de transporte urbano ao longo do itinerário especificado numa determinada unidade de tempo não exige custos adicionais da empresa, ao mesmo tempo que aumenta a confiança dos clientes no sistema de transporte urbano e não só a transportadora também aumenta a corrente da transportadora. Isto, por sua vez, garante um aumento do rendimento das empresas de transportes.

Transport infratuzilmasi rivojlangan mamlakatlardan biri bu Germaniyadir. Poytaxti Berlin shahri bo'lib, shaharda 4 milliondan ortiq aholi istiqomat qiladi. Berlinda transport tizimi yuqori darajadi rivojlangani sababli har bir daqiqalarini tejashga harakat qilishadi, xattoki shahar aholisida oyiga qancha maosh ishlashlari o'rniga daqiqasiga qancha maosh ishlashlari haqida fikr yuritish urf bo'lgan.

Tecnologias digitais em ação em Singapura. Em particular, Singapura tem um dos melhores sistemas de transportes públicos entre 24 grandes cidades do mundo. A infraestrutura de transportes de 24 cidades foi avaliada com base em mais de 80 indicadores em cinco dimensões principais, abrangendo todos os tipos de transporte. São elas:

- Disponibilidade;

- Barato

- Eficiência

- Conveniência

- Sustentabilidade.

Como resultado, mais de um milhão de passageiros dos transportes públicos utilizaram os novos sistemas. A cidade é "a mais segura e a mais sustentável do ponto de vista ambiental"

recebeu também uma classificação elevada em termos de sustentabilidade, um dos sistemas de transportes públicos.

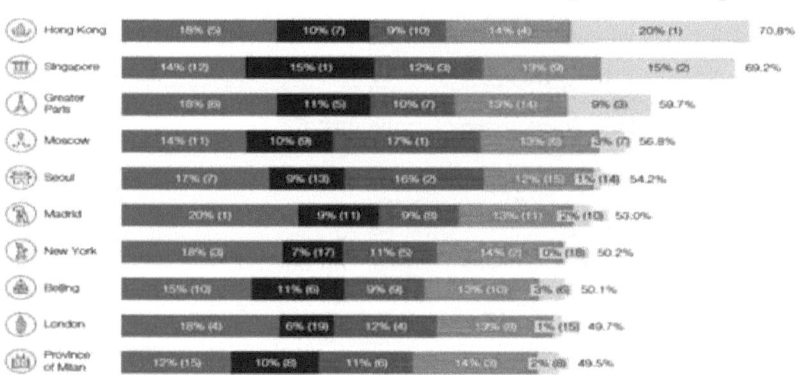

1.1.6- imagem. Resultados tecnológicos do sistema de transportes públicos de Singapura

Quatro das 10 principais cidades em termos de transportes públicos situam-se na Ásia, com Singapura, Hong Kong, Seul e Pequim a figurarem também na lista. Hong Kong tem a melhor cobertura de infra-estruturas de transportes públicos do mundo, com 75% dos residentes e 94% dos locais de trabalho a menos de 1 km de uma estação de metro.

20 das cidades inquiridas foram selecionadas com base na sua dimensão, nível de desenvolvimento económico, caraterísticas positivas da infraestrutura de transportes e disponibilidade de dados. Quatro outras - Berlim, Hong Kong, Xangai e Singapura - foram selecionadas porque as suas infra-estruturas de transportes são consideradas "excelentes por instituições externas".

Tecnologias digitais actuais na Rússia. As aplicações móveis disponíveis na Rússia para viagens e localização são:

a) b) c) d)

e) f) g)

1.1.7- aplicações móveis para encontrar o local: a) Evernote; b) TripAdvisor; c) Google Maps; d) TripIt; e) Airbnb; f) SMMA2017; g) Afisha Omsk.

1.Evernote - Assim que começa a planear a sua viagem, já precisa de uma espécie de repositório único para todas as suas confirmações de reserva, bilhetes electrónicos e recomendações, onde ficar, o que comer e muito mais. A aplicação Evernote sincroniza facilmente os dados armazenados em diferentes dispositivos. Mesmo que algo aconteça ao seu smartphone ou tablet (por exemplo, perdido ou descarregado), toda a informação necessária pode ser encontrada no Evernote. E depois, aqui está à procura de papéis para carregar fotografias que pode tirar no tempo que poupa à confusão.

TripAdvisor - Esta aplicação é muito informativa e fácil de utilizar. utilização O excelente conteúdo e as opiniões de outros utilizadores permitem-lhe viajar definitivamente por uma cidade como nunca antes! Há uma série de problemas importantes com a interface para o utilizador final.

Google Maps - os mapas offline do serviço mais popular da empresa, o Google, permitem-lhe descarregar previamente informações sobre uma área específica e marcar locais a visitar.

AirBNB - Excelente design, muitas ideias para se inspirar e encontrar o sítio perfeito para ficar na sua próxima viagem! Pode continuar a utilizar a aplicação para fazer um pedido que tenha feito e contactar o proprietário do imóvel (por exemplo, para esclarecer a data e a hora de chegada). Através do mesmo sistema, pode manter-se em contacto durante todo o tempo em que o proprietário estiver em casa.

AroundMe - Esta é uma boa opção para uma aplicação móvel que permite aos utilizadores procurar os locais interessantes e necessários mais próximos: teatros, restaurantes, hotéis, parques de estacionamento e hospitais. Infelizmente, cada um deles é responsável apenas por uma função específica e pela classificação acima referida. Por exemplo, pode dizer-se que o Evernote é um organizador, o TripAdvisor é um guia de viagem, o Google Maps é um mapa, o TripIt é um planeador e o AroundMe não é um mau (mas estrangeiro) coletor de informações actuais de acordo com determinados critérios. Além disso, nenhuma destas aplicações, enquanto aplicações não classificadas de eventos, está completa. Vamos agora considerá-las separadamente.

No âmbito da Cimeira Internacional da China **CMMA2017**, foi criada uma aplicação para mostrar os acontecimentos actuais e destacar questões. Pode ver a agenda dos oradores, um mapa e planear o seu tempo de permanência na cimeira.

Em Omsk, **a** aplicação **móvel Afisha Omsk** tem um calendário de festas, concertos, horários de abertura e preços de museus e exposições, bem como de teatros e circos. Descubra onde se realizam os seminários ou palestras disponíveis através da aplicação. Navegação fácil e interface clara com filtros.

A aplicação de eventos dos criadores da Aximediasoft Tomsk coincidiu com a conferência de TI GOROD.it technologies na nossa cidade. Aqui pode ver o programa, adicionar eventos favoritos aos favoritos, encontrar locais e oradores, e ler sobre a conferência. Vamos fazer uma tabela com os critérios de avaliação utilizados e os participantes na análise de aplicações móveis.

Gráfico de análise das aplicações móveis (Anexo A) A julgar pela análise, pode ver-se que quase todas as aplicações propostas têm uma funcionalidade específica limitada e "aperfeiçoada" para um único problema/necessidade. Vemos também que algumas aplicações no quadro das aplicações TOP não são sustentáveis para o turismo, alguns clientes e comentários de utilizadores são muito negativos, as aplicações falham no momento mais incerto. A localização das aplicações é efectuada, mas algumas das aplicações consideradas estão localizadas fora de Tomsk e destinam-se mais ao entretenimento do que a actividades científicas e comerciais. As aplicações de personalização também estão disponíveis, mas só encontram um lugar especial nas aplicações criadas para um evento específico.

1.2 Análise das rotas na estação de autocarros no centro do distrito de Shahrikhan da região de Andijan e análise do fluxo de passageiros da rota Andijan-Shahrikhan nestas direcções

Com o objetivo de melhorar a infraestrutura da estação de autocarros situada no distrito de Shahrikhan, na região de Andijan, e de criar comodidades para a população mais carenciada, utilizando sistemas de transporte inteligentes e tecnologias da informação para obter várias comodidades. Esta estação de serviço é uma organização privada propriedade da "HYDRAVLIKA INVEST" LLC. Existem 5 carreiras de autocarro nesta povoação. Estas rotas incluem Shahrikhan-Boston, Shahrikhan-Chinabad, Shahrikhan-Altinkol, Shahrikhan-Asaka, Shahrikhan-Andijan.

1.2.1- quadro.

Resultados da classificação das carreiras de autocarros existentes na estação de autocarros do distrito de Shahrikhan da região de Andijan (para o período de 2021-2023)

№	Nome da rota	Distância, km	Na direção número de autocarros	Necessidade de novos autocarros	Tipo de veículo
1	"Estação de serviço automóvel de Shahrikhan - Estação de serviço automóvel de Andijan"	33	6	8	Isuzu
2	"Estação de serviço automóvel Shahrikhan - Chinabad"	23	6	2	Isuzu

3	"Estação de serviço automóvel Shahrikhan - Estação de serviço automóvel Asaka"	23	6	1	Isuzu
4	"Estação de serviço automóvel Shahrikhan - Estação de serviço automóvel de Boston"	13	6	1	Isuzu
5	"Estação de serviço automóvel Shahrikhan - Estação de serviço automóvel Oltinkol"	35	6	2	Isuzu
	Total	**127**	**30**	**14**	

Existem 6 autocarros para cada sentido. Estes autocarros servem os nossos habitantes sem dias de folga. Estes autocarros circulam de 20 em 20 minutos. Os autocarros funcionam das 7:00 às 17:30 horas.

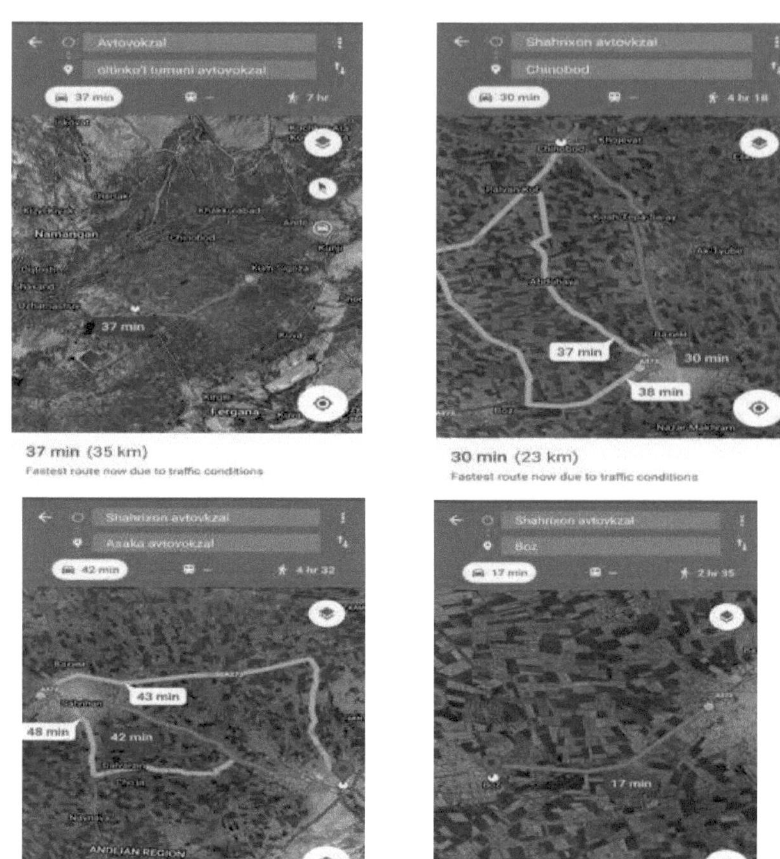

1.3.2- Imagens GPS de todas as rotas no distrito de Shahrikhan da região de Andijan, pontos de partida e de chegada.

O fluxo de passageiros, a sua quantidade e outras caraterísticas dependerão principalmente da mobilidade de transporte do passageiro. A mobilidade de transporte de um passageiro é definida como a quantidade de transportes utilizados num determinado período de tempo (normalmente um ano). Para analisar o fluxo de passageiros nestas rotas, escolhi a rota Andijan-Shahrikhan, que se distingue particularmente pelo fluxo de passageiros entre estas rotas, e comecei por analisar o fluxo de passageiros, que é a chave das receitas. O número de passageiros transportados nesta direção durante o ano

Neste diagrama, é possível ver a mudança da utilização do transporte de autocarro pelos passageiros ao longo dos anos. Em 2019, 658.561 passageiros receberam serviços de transporte. o aumento do número de passageiros e o aumento da demanda por transporte, mas em 2022, esses números aumentaram em 968.472 passageiros, ou seja, em 15%, a razão para isso foi o aumento de táxis leves licenciados e não licenciados no distrito de Shahrikhan. O desenvolvimento do setor de transporte, o fornecimento de rotas com meios de transporte convenientes, o fornecimento de serviços de transporte a preços acessíveis aos passageiros aumentaram a demanda por serviços de transporte de ônibus para passageiros do distrito de Shahrikhan em 2019-2022.

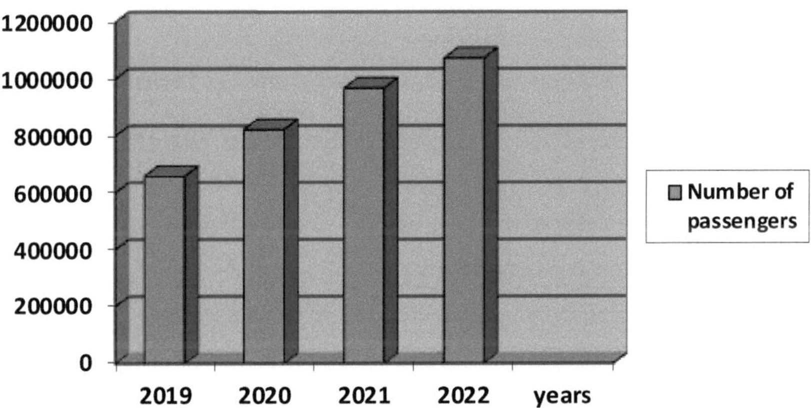

1.2.1 - imagem: Diagrama do número anual de passageiros transportados na rota Andijan-Shahrikhan

O número e o tempo de utilização do transporte pelo passageiro dependem do objetivo do transporte (trabalho, estudo, lazer, etc.). Os estudos mostram que, em 60-65% dos casos, o passageiro utiliza o transporte para ir trabalhar ou estudar. A este respeito, importa referir que a transição para a economia de mercado conduziu a um aumento ainda maior do tráfego de passageiros.

Os passageiros a serem transportados numa determinada direção e parte (secção) das estradas são designados por fluxo de passageiros.

Para satisfazer plenamente a procura de transporte por parte dos passageiros e prestar-lhes um serviço de transporte de elevada qualidade, são necessárias informações sobre o fluxo de passageiros e as suas descrições:

O volume de transporte de passageiros ao longo de todo o itinerário

Distribuição do fluxo de passageiros por secções do itinerário (entre paragens).

Distribuição do volume do fluxo de passageiros por horas do dia.

1. Circulação de passageiros.

2. Distância média de transporte de passageiros.

3. Coeficiente de permutabilidade dos passageiros.

4. Quando se estudam os fluxos de passageiros, estes podem ser representados sob a forma de gráfico, mapa, cartograma, ciclograma ou quadro.

5. O fluxo de passageiros é distribuído de forma desigual em função da extensão do trajeto e das horas do dia.

6. Se analisarmos as variações do fluxo de passageiros por horas do dia, é possível observar os períodos em que o fluxo de passageiros é maior. Estes períodos são designados por "tight time". A distribuição desigual dos passageiros que viajam na rota Andijan-Shahrikhan durante o dia é mostrada no quadro abaixo. Utilizei os meus próprios resultados para criar este quadro.

O número e o tempo de utilização do transporte pelo passageiro dependem do objetivo do transporte (trabalho, estudo, lazer, etc.). Os estudos mostram que, em 60-65% dos casos, o passageiro utiliza o transporte para ir trabalhar ou estudar. A este respeito, importa referir que a transição para a economia de mercado conduziu a um aumento ainda maior do tráfego de passageiros.

O número e o tempo de utilização do transporte pelo passageiro dependem do objetivo do transporte (trabalho, estudo, lazer, etc.). Os estudos mostram que, em 60-65% dos casos, o passageiro utiliza o transporte para ir trabalhar ou estudar. A este respeito, importa referir que a transição para a economia de mercado conduziu a um aumento ainda maior do tráfego de passageiros.

O diagrama mostra a evolução da utilização do transporte de autocarro pelos passageiros ao longo dos anos. Em 2019, 658 561 passageiros dispunham de serviços de transporte. Em 2020, esse número aumentou para 823.201 passageiros, o que representa um aumento de 20%. aumento do número e aumento da demanda por transporte, mas em 2022, esses números aumentaram para 968.472 passageiros, ou seja, 15%, a razão para isso é o aumento de táxis licenciados e não licenciados no distrito de Shahrikhan o número e o tempo de uso do transporte pelo passageiro dependem da finalidade do uso do transporte (para trabalhar, estudar, recreação, etc.). Os estudos mostram que, em 60-65% dos casos, o passageiro utiliza o transporte para ir trabalhar ou estudar. A este respeito, importa referir que a transição para a economia de mercado conduziu a um aumento ainda maior do tráfego de passageiros.

Os estudos mostram que, em 60-65% dos casos, o passageiro utiliza o transporte para ir trabalhar ou estudar. Neste ponto, vale também a pena mencionar que a transição para uma economia de mercado afectará o transporte de passageiros.

Com base nos resultados desta tabela 1.2.2, posso dizer que as 8:00 e as 14:00 são as horas de maior movimento no itinerário. Pode ver o quadro acima sob a forma de um diagrama no diagrama 1.2.3 abaixo.

1.2.2- quadro

Distribuição desigual do tráfego de passageiros na rota Andijan-
Shahrikhan por horas do dia.

№	Dia/hora	A direção certa	Sentido inverso	Total
		Passageiros	Passageiros	
1	6-7	80	75	155
2	7-8	125	115	240
3	8-9	160	105	265
4	9-10	140	155	295
5	10-11	175	180	355
6	11-12	155	140	295
7	12-13	150	215	365
8	13-14	140	185	325
9	14-15	95	175	270
10	15-16	100	130	230
11	16-17	80	155	235
12	17-18	71	165	236
13	18-19	55	110	165
Total	n=13	1350	1290	2640

1.2.3- rota Andijan-Shahrikhan fluxo diário de passageiros Distribuição desigual das horas .

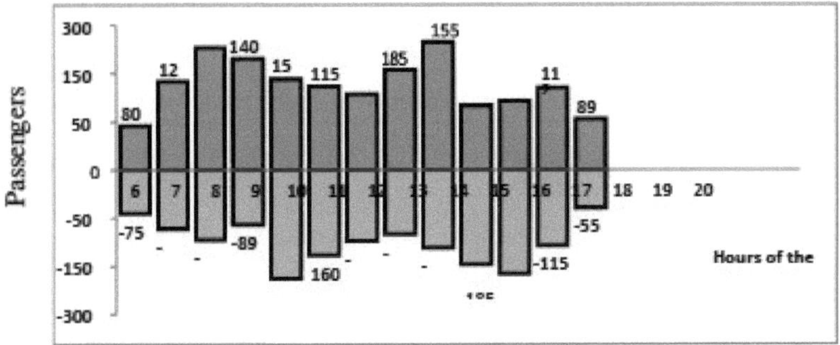

Neste quadro e diagrama, podemos ver a variação horária do fluxo de passageiros na rota Andijan-Shahrikhan. Como se pode ver em Epyura, durante o trabalho diário, as horas de ponta do dia correspondem às 8h00 e às 14h00, sendo estas as horas consideradas mais movimentadas na rota Andijan-Shahrikhan.

Tal como todas as outras rotas, 6 autocarros circulam nesta rota. A extensão deste itinerário é de 33 km. Esta informação foi obtida junto dos funcionários responsáveis que trabalham na estação de serviço. Pode ver as estações de partida e chegada da rota Andijan-Shahrikhan e a distância total desta rota a partir do GPS acima. As distâncias destas direcções recebidas não diferem da situação real. Tentei utilizar informações exactas para determinar a localização.

Os autocarros percorrem esta distância em 50 minutos. Existem várias paragens neste percurso: Karnaichi, Kurgoncha, Segazaqum, Shorkishloq, Kokanlik, Kipchak, Dasturkhnchi, Navoi e Aeroporto. Para controlar as paragens acima mencionadas, observámos o autocarro com o número de licença 60 766 CBA. Como resultado das observações, se o autocarro começar a funcionar às 7:00, espera pelas pessoas durante 20 minutos e depois começa a circular. Podemos ver os tempos de deslocação na tabela abaixo. Estas horas correspondem às estações disponíveis no trajeto: Karnaichi, Kurgoncha, Segazaqum, Shorkishloq, Kokanlik, Kipchak, Dasturkhnchi, Navoiy e Aeroport. traz-nos os dados, e nós identificámos estes dados em tempo real durante o transporte público de passageiros.

1.2.4-figura As estações de partida e chegada das rotas Andijan-
Shahrikhan.

Esta informação clara era muito necessária. Como resultado das observações, se o autocarro começar a funcionar às 7:00, espera pelas pessoas durante 20 minutos e depois começa a circular. Podemos ver os tempos de deslocação na tabela abaixo, foram introduzidos símbolos especiais na tabela e os símbolos foram separados por cores especiais.

1.2.5-tabela
Horário de um autocarro que circula no sentido Andijan-
Shahrikhan.

Estações	Ramo Shahrikhan	Karnaychi	Qorgoncha	Segazaqum	Shorqishloq	Qoqonliq	Qipchoq	Dasturxonchi	Navoiy	Aeroporto	Sucursal de Andijon
Shahrikhan Andijon	7:20	7:30	7:33	7:39	7:42	7:44	7:46	7:49	7:52	8:00	8:10

Estações	Sucursal de Andijon	Aeroporto	Navoiy	Dasturxonchi	Qipchoq	Qoqonliq	Shorqishloq	Segazaqum	Qorgoncha	Karnaychi	Sucursal de Shahrikhan
Andijon Shahrikhan	8:30	8:40	8:48	8:51	8:54	8:56	8:58	9:01	9:07	9:10	9:20

Na tabela 1.2.5, podemos ver a que horas um autocarro chega a cada uma das paragens acima mencionadas e quanto tempo demora a ir de uma paragem para outra. Com base nesta tabela, para saber quanto tempo o autocarro demora durante um voo, calculamos utilizando a seguinte fórmula:

1) Fórmula para encontrar o tempo de rotação:

$$t_{obor} = t_{kut} + t_{har}$$

bu yerda

t_{kut} - tempo de espera do autocarro;

t_{har} - tempo de viagem de autocarro

Com base no quadro acima, $t_{kut} = 40$ minutos e o tempo de deslocação é $t_{har} = 100$ minutos

$$t = t + t_{oborkutha} = 40 + 100 = 140 \text{ minutos}$$

Com base nestes valores, podemos encontrar o número de autocarros necessários para este percurso utilizando a seguinte fórmula

2) Fórmula para encontrar o número de autocarros:

$$A_{avt} = t_{obor}/I_i$$

Aqui

$$t_{obor} - \text{tempo de rotação, min;}$$

$$I_{inter} - \text{intervalo, tempo min;}$$

$$A = t/I_{avtobori} = 140/10 = 14ta$$

O número de autocarros necessários para esta rota está determinado, ou seja, são necessários 14 autocarros para a rota Andijan-Shahrikhan. Iremos colocar sistematicamente todos estes autocarros no grupo de telegramas acima mencionado. Isto traz muito conforto aos nossos residentes. Isto levará a um aumento das receitas da estação de autocarros.

1.3 Definir o problema da melhoria da eficácia da gestão do concessionário de automóveis no centro do distrito de Shahrikhan, na região de Andijan.

Tal como acima referido, foi iniciado um serviço regular de autocarros em 5 direcções na estação de autocarros do distrito de Shahrikhan, na região de Andijan. Estas rotas incluem Shahrikhan-Boston, Shahrikhan-Chinabad, Shahrikhan-Altinkol, Shahrikhan-Asaka, Shahrikhan-Andijan. Algumas destas rotas variam consoante o fluxo de passageiros. Podemos ver a visão real do transporte público de passageiros, ou seja, os autocarros nestas direcções, e uma imagem com a disposição do lugar de estacionamento e a localização na estação de autocarros.

***1.3.1- imagem Autocarros em movimento na estação de autocarros
do distrito de Shahrikhan, na região de Andijan***

Existem 6 autocarros para cada sentido. Estes autocarros servem os nossos habitantes sem dias de folga. Estes autocarros circulam de 20 em 20 minutos. O operador da estação de autocarros informa-me que os autocarros funcionam das 7:00 às 18:00. Este stand de automóveis é agora uma organização privada.

Utilizei este serviço de autoshokhbekat para testemunhar o aspeto real da informação fornecida. Durante esta utilização, observei, durante o processo de investigação, que existem muitos problemas visíveis nos processos de trabalho relativos ao número de autocarros, aos tempos de funcionamento, à estação de autocarros, como disse o gestor, e identifiquei estas falhas como as principais, isto é, depois de ouvir também os passageiros. Tomei-o como um projeto de software

1.3.2- imagem Entrada da estação de autocarros no distrito de Shahrikhan, região de Andijan

Os autocarros não partem com um número suficiente de passageiros na estação de autocarros, o que significa que as receitas da estação de autocarros diminuem;

➤ Manter os autocarros de um lado durante um determinado período do dia, ou seja, os autocarros e miniautocarros que circulam no mesmo sentido de um lado e as pessoas do outro lado;

➤ Até agora, os pagamentos dos autocarros são feitos em dinheiro;

Para além das deficiências acima referidas, existem muitas deficiências do autoshokhbekat, mas penso que a que escolhi acima é a principal. Porque a experiência do mundo atual mostra que o principal objetivo da introdução das tecnologias digitais em todos os domínios, independentemente do domínio, é que as tecnologias digitais também evitam despesas excessivas e reduzem o tempo das pessoas.

Conclusões sobre o primeiro capítulo

No primeiro capítulo, estudei os transportes públicos nos países desenvolvidos. Tecnologias digitais nesses países As tecnologias digitais são utilizadas nos sistemas de transportes públicos das 24 principais cidades de Singapura. As infra-estruturas de transportes das 24 cidades foram avaliadas com base em mais de 80 indicadores para cinco indicadores principais, abrangendo todos os tipos de transportes. Estes indicadores são a disponibilidade, a acessibilidade, a eficiência, a conveniência e a estabilidade. Como resultado, mais de um milhão de passageiros de transportes públicos utilizaram os novos sistemas. A cidade também recebeu uma classificação elevada em termos de sustentabilidade, com um dos sistemas de transportes públicos "mais seguros e mais sustentáveis do ponto de vista ambiental". Além disso, descrevi os dados iniciais sobre o meu objeto de investigação até ao preenchimento dos dados gerais neste primeiro capítulo. Desloquei-me ao meu local de investigação para encontrar estas informações e obtive as informações acima referidas a partir das minhas próprias observações. Estas informações ajudaram-me muito na redação desta monografia.

<u>**CAPÍTULO II ORGANIZAÇÃO DA GESTÃO DA
ACTIVIDADE EMPRESARIAL AUTOMÓVEL COM BASE NAS
TECNOLOGIAS DA INFORMAÇÃO**</u>

**2.1 Estação de serviço do distrito de Shahri Khan, região de
Andijan Otimização das actividades administrativas, ou seja,
introdução de um sistema de pagamento eletrónico.**

A fim de introduzir um sistema de pagamento eletrónico nas redes de transportes do país, em 2019, foi adoptada a decisão do nosso Governo "Sobre a introdução de um sistema automatizado de pagamento de tarifas nos transportes públicos". De acordo com ela, a partir de 1 de janeiro de 2020, o sistema automatizado de pagamento de tarifas para o transporte de passageiros em transportes públicos será implementado na cidade de Tashkent em algumas rotas de "Toshshahartranskhizmat" JSC e "Tashkent Metropoliten" UK. foi definido para

O objetivo é aumentar a comodidade dos nossos residentes no pagamento dos custos de transporte, reduzir o número de acidentes de trânsito, reduzir o congestionamento do tráfego, encurtar o intervalo de deslocação e resolver as questões de garantia da sua importância. Para garantir a execução destas tarefas, estão a ser tomadas as medidas necessárias para melhorar a qualidade dos serviços de transporte prestados à população das regiões e mesmo dos distritos, para criar comodidades adicionais para os passageiros e para melhorar o sistema de transportes públicos da cidade .

As entidades empresariais que se dedicam ao transporte de passageiros estão a prestar especial atenção à questão da prestação de um serviço confortável e seguro aos passageiros com uma estrutura de tráfego actualizada. Esta é a solução para os acontecimentos não só nas regiões, mas também nos distritos. Em particular, eu vivo fazendo Shahri Khan no distrito localizado a infraestrutura do posto de gasolina melhorar e o mais principal para as comodidades da população Criar, a fim de sistemas de transporte inteligentes e informações de tecnologias utilizadas sem um quantos muito para amenidades chegar Este 5 direções na residência de acordo com ônibus constantes comutar para a estrada colocada Este direções Shahrikhan-B oston, Shahrikhan-Chinabad, Shahrikhan-Altinkol, Shahrikhan-Asaka, Shahrikhan-Andijan como direções há. Em cada direção, 6 autocarros são colocados em 6 direcções constantes. Estes autocarros circulam 20 minutos durante o intervalo de tempo. Os autocarros trabalham das 7:00 às 17:30 horas.

A minha investigação resultou no facto de esta estação de serviço em atividade ter algumas desvantagens que descobri. Esta, nas suas deficiências, é uma das principais desvantagens que a nossa população tem, ou seja, os passageiros aceitam os pagamentos, fazendo demasiadas vezes que estão a ficar amarelos e é isso que acontece, com demasiados inconvenientes para o condutor, porque estão a libertar muita cara para vir, descobri. Esta deficiência elimina a oferta de chegar a fazer elogios aceitação doer instalar um terminal especial oferta eu quero Isto é mostrado na Figura 1 obrigado vista terminal você vê possível

2.1.1 - imagem para autocarros com equipamento de pagamento eletrónico instalado

Este terminal de agradecimento para autocarros é superior à parte que cabe aos passageiros e aos motoristas. Penso que uma das muitas vantagens deste terminal de pagamento é que é muito simples de instalar e não causa demasiados problemas aos motoristas e passageiros.

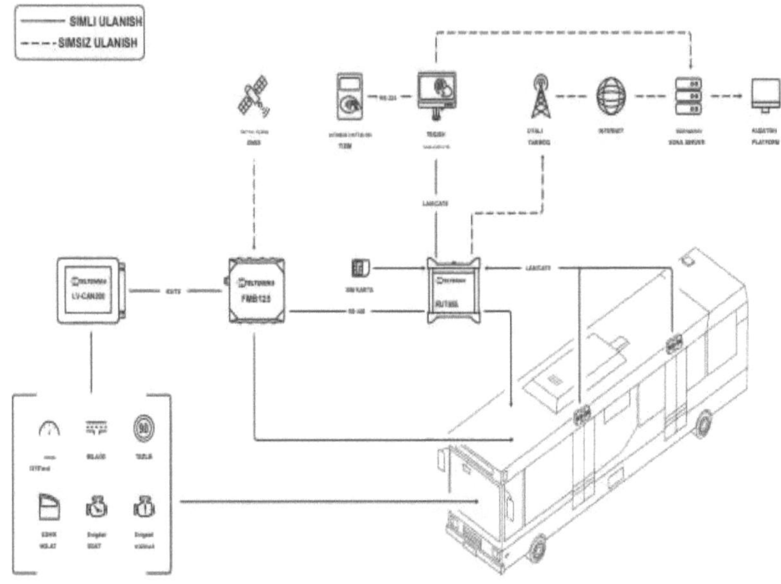

Figura 2.1.2 está nos autocarros Colocação de equipamento GPS e de sistema de pagamento eletrónico

Além disso, neste sistema, o pagamento da tarifa pode ser feito com cartões bancários sem contacto (Khumo, UzCard, Master Card, Visa Card, etc.).

- será possível carregar os cartões de transporte individual com fundos de cartões plásticos bancários, caixas automáticos, quiosques, terminais de carregamento e aplicações móveis.

- com a introdução dos validadores, a cobrança de portagens aumentará de 15 a 25%;

- ao aumentar as receitas das empresas de transporte, cria condições para a renovação sistemática da estrutura do tráfego

-São criadas bases tecnológicas para a otimização dos sistemas de rotas e para um planeamento eficaz.

Tendo em conta as vantagens acima referidas, penso que é muito necessário utilizar estes sistemas de pagamento eletrónico na estação de autocarros do distrito de Shahrikhan. Este sistema será muito vantajoso para os representantes da nossa população, para os motoristas e para as receitas da estação de autocarros.

2.2. Aplicação móvel "TASHBUS" para os transportes públicos no distrito de Shahrikhan, na região de Andijan, atualizar e organizar o alcance

A infraestrutura de transportes urbanos é uma parte importante dos transportes públicos digitais para a economia, a transferência de questões importantes é uma das questões Hoje em dia, esta direção é a seguinte: os assuntos aumentaram Para os passageiros, um serviço de boa qualidade para mostrar a fim de autocarros e mini-autocarros trabalharem à distância em linha constante no modo de observação (GPS) para trabalharem caiu.

Isto a partir de uma distância online constante no modo (GPS) observação basicamente passageiros e esta atividade posto de gasolina mostrando os funcionários despachante no posto de gasolina movendo todos os transportes públicos que no momento em que se deslocam, ação intervalo está fazendo , que na direção que na estação a que velocidade se movendo sobre todas as informações de uma distância de pé no caso apenas para a internet conectado sem saber através vas hu para receber os passageiros valioso o tempo para salvar que é isso com juntos a renda do posto de gasolina para aumentar a tomada virá abaixo no caso apenas para a internet conectado sem saber através vas hu para receber os passageiros valioso o tempo para salvar que é isso com juntos a renda do posto de gasolina para aumentar a tomada virá central na Figura 2.2.1 abaixo Serviço de despacho vamos ver pode Isso na imagem situações extraordinárias, estações de dados cronograma, estação de ônibus, estação de ônibus, esquema de transporte local dado.

Nacional a imprensa no centro Ministério dos Transportes do Uzbequistão por no campo feito aumentou obras, tarefas prospectivas para a discussão dedicada conduziu a imprensa na conferência Como observado, o presidente Shaukat Mirziyoyev 10 de janeiro de 2017 -" Serviço de transporte de passageiros mostra e cidades e em aldeias em ônibus passageiros sistema de transporte mais medidas de melhoria sobre". decisão isso sobre ação de software importante está acontecendo.

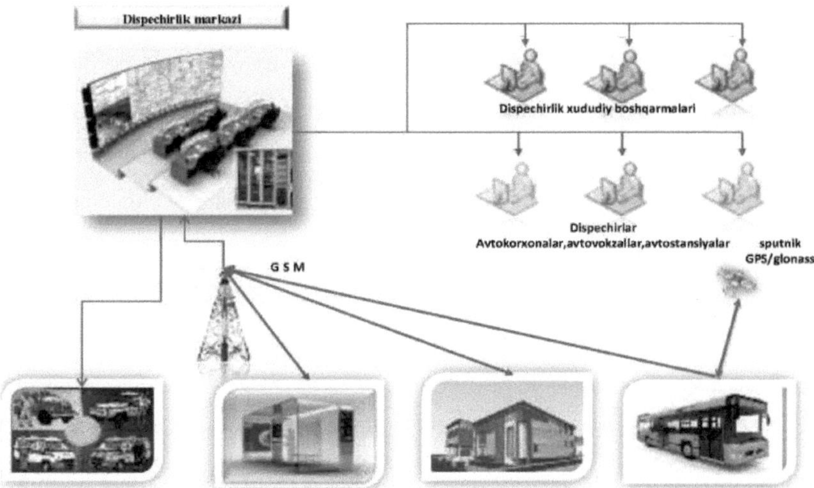

Situações de emergência Informações nas estações horários Estação de autocarros Estação de autocarros Transportes locais

Figura 2.2.1: Serviço central de expedição

Autocarros nos palácios autocarros diferentes do conteúdo organizar encontrado será Eles são um do outro dimensões de calibre, capacidade, tipo de motor e outros sinais com stands separados

Em direcções passageiros transporte para autocarros direito escolher serviço de transporte para o show de passageiros para a qualidade e movendo-se a partir do conteúdo eficiente para usar e segurança do tráfego grande efeito mostra .

A capacidade dos autocarros de passageiros de fluxo para o poder do seu tempo e comprimento de direção de acordo com a distribuição e estrada das condições saiu sem necessidade de seleção

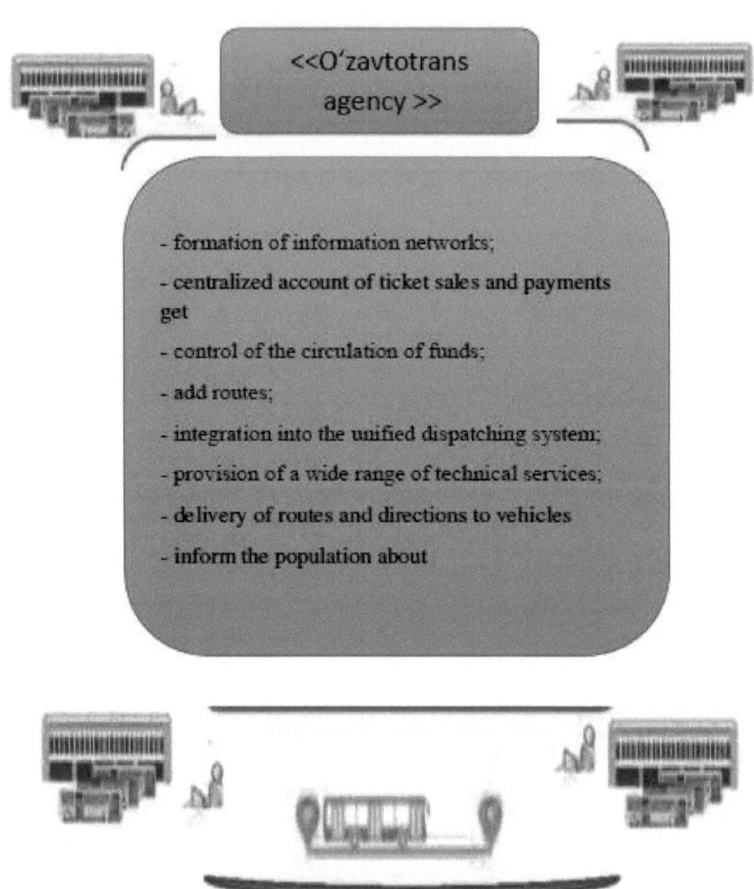

Figura 2.2.2. As estações de autocarros gerem o sistema central

A capacidade dos autocarros tem sido grande, o fluxo de passageiros tem sido pequeno quando a aplicação do serviço de autocarros aumentou o intervalo de tempo para ir e, devido aos passageiros, muitas vezes os autocarros têm de esperar para ir.

O fluxo de passageiros dos autocarros de pequena capacidade tem sido grande em locais de aplicação de passageiros, o tempo de espera dos autocarros diminui e o número de autocarros de sentido único, a velocidade de circulação nas estradas, o nível de carga das estradas aumenta e a segurança do tráfego é complicada.

O tipo e a capacidade dos autocarros devem ser escolhidos de modo a serem utilizados de forma económica, de um lado para o outro, de acordo com o que se pretende, o intervalo de ação definido pela norma não aumenta e a segurança do tráfego é garantida. A utilização dos autocarros, o seu tamanho, a sua capacidade, o seu tipo de carroçaria, a sua disposição, as suas caraterísticas de construção e os sinais que procuram a sua espécie estão separados.

Para a utilização de autocarros de uso geral, na rede (pessoas da economia diferentes redes) utilizada, turista-turista e privada para autocarros é separado.

Para os autocarros de comprimento de 5 classes separadas: muito pequeno, pequeno, médio, grande, duplo preguiçoso. Para os autocarros de comprimento de 5 classes separadas:

Quadro 2.2.3

Tipos de autocarros comprimento e utilização nos tipos de campo

Tipo de autocarros	Comprimento, m	Campo de utilização
Muito pequeno	até 5 m	Geral
Pequeno	7.0-7.5	Turismo de cidade em direcções
Médio	8.0-8.5	Cidade e interurbano em direcções
Grande	9.- 9.5; 10-11; 11.5-12	Nas direcções da
Muito grande	16.5-18; 22-24	Nas direcções da

Para a lotação da cidade interior foram utilizados 5 tipos de autocarros: muito pequenos (lotação geral - 10 passageiros), pequenos (lotação total - 35-40 passageiros), médios (lotação total - 30-35 passageiros), grandes (lotação total - 85-90 passageiros) e combinados (lotação comum - 135-140 passageiros), para a cidade exterior foram utilizados autocarros de 4 tipos: pequenos (lotação geral - 30-35 passageiros), médios (lotação total - 45-65 passageiros), grandes (lotação total - 80-85 passageiros) por circuito.

Os autocarros do tipo de corpo e de camadas com o seguinte aspeto para as espécies são separados;

- para a forma da carroçaria com aspeto de vagão e tipo de capota

- em camadas consoante: um, meio e dois andares

do tipo de motor que procura os autocarros seguintes a espécie divide-se em :

- Separação do carburador (na gasolina e no aparelho de tratamento de gás);

- diesel (atualmente também estão disponíveis tipos de trabalho a gás);

- eléctricos (autocarros eléctricos).

Figura 2.2.4. Autocarro público do distrito de Shahrikhan

Nos autocarros, o motor da carroçaria à frente, atrás ou no chão sob a localização pode

Província de Andijan Estação de gás do distrito de Shahri Khan serviço de transporte público feito aumento para **"Hydravlik" LLC** por levar noiva, atividade para a estrada "ISUZU HC 40" modelo de ônibus - veículo que eu escolhi

Quadro 2.2.5

Autoshokhbekat serviço de transporte público feito " ISUZU HC 40" modelo autocarros Emissor de trabalho sobre informações

Emissor de trabalho	SamAuto
Marcas	ISUZU
Tipo de libertação de trabalho	fábrica de autocarros
Cidade	Samarcanda
Província (province)	Samarcanda província
País de emissão do trabalho	Uzbequistão
Este trabalho dos modelos de equipamento do emissor número *	788 modelos (total 2744 descrições)
Modelo	ISUZU HC 40
Marca	AsiaStar De perto Wertstar
Votação de notícias	N.º 283
Tipo de veículo	cidade autocarro
VIN	LJSKB6GP×××××××××××
País de emissão do trabalho	Uzbequistão
Chassis	JS6886GHDP
Caraterísticas técnicas	

Não.	Modelo do motor	da mudança de motor	Potência do motor	Emissor de trabalhos no motor
Um	WP6.220E50	6750 metros cúbicos 6.8 l	162 kW 221 cavalos de potência	Weifang Weichai -Deutz Diesel Engine Co., Ltd.
Caraterísticas dinâmicas				
Combustível			gasóleo	

Figura 2.2.6. Aspeto do salão interno do autocarro

Autocarro de categoria média com um total de 70 passageiros para o transporte previsto e a partir de 24 lugares é composto por Este modelo é equipado com motor de metano, pelo que para o tejadilho acima do cepo branco parece ser o seu sob balões de gás esconde Isso é muito natural parece e branco na cor do autocarro comum ao design muito adequado vem, especialmente do ar condicionado no topo no local do telhado para.

Tabela 2.2.7.

Classificação técnica e caraterísticas analíticas dos autocarros

Capacidade de passageiros (incluindo o condutor)	24/1
Homens pesados e pressão do marido	
Limitação de peso	8800 kg , 9250 kg
Massa total	13200 kg
Distribuição do peso Aks	4200 kg / 9000 kg
Dimensões	
Comprimento geral	6920 mm
Amplitude geral	2 25 0 mm
Altura geral	2880 mm
Chassis e suspensão	
Eixos o número	2
A distância entre eixos	3815 mm
estrada anterior	2020 mm , 2065 mm
estrada secundária	1800 mm

Frente do lado pendurado	1905 mm
Tumor posterior	2790 mm
Introduzir ângulo (suspensão anterior)	7°
Deixar o ângulo (back o' simta)	7°
molas de lâmina	8/11, 3/4, - / -
Rodas e pneus	
Pneus o número	6
Tamanho do pneu	7,50x16 C12PR
Várias caraterísticas diferentes	
Gestão do volante	a roda

Figura 2.2.8. Andijan-Shahrikhan na direção do autocarro em movimento

Autocarro em frente a um quantos lugares passageiros para o departamento colocado e nos pódios a roda do cinto acima localizado Numa fila de assentos padrão, a fim de ser colocado com, se o saco de passageiro levar andá-los para a perna cair fora possível e eles nunca são para quem interromper não dá Acima dizendo como antes, cadeiras está localizado do próprio pódio muito largo não, é por isso que para o saco para ele colocar possível e se ele para o chão se abaixou, é através da cabine de passageiros para mover interrupção vai dar e se o ônibus cheio se, então isso e em geral possível não é.

Sistema de aquecimento para pessoas com deficiência carrinhos de bebé para um lugar especial é alocado equipado, destes todos eles população confortável em transportes para mover trabalho escrito desenvolvido Este veículo Andijan no serviço de transporte público da cidade para mostrar para confortável todos os requisitos resposta Consideramos que é um meio de transporte.

A direção organiza o veículo com os gráficos de ação fornecidos para organizar os veículos. Dentro da cidade, o intervalo de movimento nas direcções de 20 min não aumenta a necessidade O intervalo de movimento restante no transporte de passageiros de fluxo para poder procurar é determinado e é o seguinte encontrado :

$$I = \frac{t_{aq}}{A_{ish}} \cdot 60; \text{min};$$

isto aqui : t_{aq}- tempo de ida e volta, min;

A_{ish}- o número de autocarros em funcionamento, pcs.

O aumento da produtividade do trabalho, a prestação de um serviço de transporte de alta qualidade aos passageiros, a organização do trabalho e do descanso dos motoristas e condutores, a segurança do tráfego para a circulação dos autocarros, o desenvolvimento de um plano de ação e de um gráfico com base na organização do trabalho necessário

O gráfico de ação de cada direção para e fábrica de automóveis para o documento mais principal é considerado Empresas de automóveis todos os departamentos de serviço próprio horário de trabalho com base em sem organizar eles vão Por exemplo, para ônibus show de serviço técnico, reparar seu planejamento de trabalho e outros

Ação programar o trabalho ao sair do seguinte para factores separadamente atenção dada :

1. Autocarro de passageiros à espera e destinados às suas moradas chegaram para partir

tempo

2. Regularidade dos movimentos .

3. Segurança do tráfego dos autocarros fornecidos sem capacidade de peso utilização completa

4. Em todas as direcções dos autocarros, a eficiência do trabalho .

5. A direção é conhecida a partir das partes que as direcções passaram.

6. O condutor e os condutores trabalham e descansam de acordo com a

lei e as normas.

Os passageiros brancos <u>imitam as</u> estações do ano e ficam tristes nos dias de acordo com as tabelas de ação distribuídas de forma desigual para os meses de primavera/verão, outono-inverno e os dias de trabalho e de repouso para a recomendação de composição separada.

O gráfico de ação é a primeira direção a tomar e é a mais importante a ser considerada

A orientação para um calendário de ação estruturado com base nos seguintes quadros de ação será :

1. Estações inicial e final para .

2. Pontos de controlo intermédios para .

3. Cada autocarro para .

4. Para os passageiros Referência .

Começar e terminar as estações para cada uma delas numa tabela de movimento estruturada o autocarro desde o palácio hora de saída, almoço, até ao almoço hora de trabalho, desde o almoço hora de trabalho depois, direção hora, deslocação do número e para o palácio Voltar à hora e outras mostradas serão

Esta é a tabela de regulamentos de direção para o trabalho será lançado. Tabela de regulamentos de direção baseada nos horários de chegada e saída dos últimos autocarros à estação, na regularidade do controlo de movimentos a fazer para utilizarem os pontos de controlo intermédios para o início da tabela e as últimas estações para o início da tabela, só que nela serão apresentados os horários de chegada e saída dos pontos de controlo dos autocarros.

Cada autocarro, num quadro estruturado de movimento do autocarro, desde a saída do palácio, hora de início e de fim, até às estações e pontos de controlo, hora de chegada e de partida, hora de almoço e de repouso, até ao palácio, hora de regresso, como os indicadores apresentados, serão

Dentro da cidade direcções paragem de autocarro no sinal que é ele da estação passando direções número, intervalo de movimento, último do nome da estação é exibida.

Outro tipo de direcções em transportes intermédios na estação cada na referência o autocarro para a estação para chegar e na paragem ficar de pé tempos mostrados para ser necessário

O horário dos autocarros que compõem duas da etapa consiste em :

– começar a beber preparação e contagem de informações

– ação calendário maquilhagem

O calendário de acções para compor a fase de preparação dos assuntos seguintes é aumentado:

– fluxo de passageiros do dia, horas e peças de direção de acordo com a distribuição por saída de aprendizagem;

– desenho da direção, comprimento da direção, número de paragens do autocarro em ação, intermédio e último nas estações para tempos de paragem e velocidade de movimento através de resultados de aprendizagem;

– tipo de autocarro e autocarros necessários Número de viagens e circulação tempos de deslocação determinação e moderação ;

– permissão feita ao máximo uma grande amplitude de movimento moderação ;

– autocarros horários de início e fim do trabalho e determinação de pontos ;

– distância zero a pé e determinação do tempo ;

– condutores trabalho organizar alcançar forma escolher

– determinação dos locais de almoço e de repouso ;

– é o choro da direção que outra das direcções passa pelo resultado da aprendizagem ;

– ação programar os restantes quadros de direção com questões de coordenação por saída de aprendizagem

O calendário de acções compõe muitos p trabalho o tempo a gastar e do compilador

alta requer habilidade . cronograma de ação para compor facilitar para

Hoje em dia, os computadores pessoais estão a ser amplamente utilizados. Computador

Incluiu o início do consumo de dados com base em dados muito curtos na altura, não só a direção no calendário de ação, mas todos os seus tipos de composição para imprimir estão a dar

O horário da tabela de autocarros em estilo de fazer até o objetivo é apropriado. Na tabela de autocarros, é apresentado o horário de saída da empresa, a direção inicial e o último ponto de chegada e de partida, o horário de almoço, o horário de pausa, os turnos das brigadas de autocarros, o transporte automóvel para as empresas e o horário de regresso.

Cada um dos autocarros da tabela de tempo de continuidade do trabalho é considerado Tabela de cima para baixo, da esquerda para a direita, a ser preenchida. A tabela na direção de enchimento de ônibus para armazenamento (vertical de acordo com), largura (horizontal) viajar no tempo de conformidade inflexível a ser feito precisa de gráfico de ação abaixo na ordem é composta de:

A primeira hora de partida do autocarro a partir do ponto (A). é adicionada à hora de partida do autocarro, a partir do ponto (B). Para o último ponto (B). do autocarro para chegar à hora que é imediatamente a partir do ponto (B). a hora de partida é determinada .

O alcance do autocarro a partir dos dados utilizando a altura (verticalmente) todos os autocarros do ponto (A). partida serão largados (marcados). A partir daí, após o tempo de deslocação, juntando-se ao último ponto (B). para chegar e o tempo de partida é determinado. Primeiro, a partir do ponto (B), o tempo de partida do autocarro no sentido inverso é adicionado e (A). para chegar à hora, e a rotação é determinada a partir do ponto (A). do autocarro na próxima hora de partida, dado o intervalo de movimento baseado em é determinado. Esta condição de sentido dos autocarros todo o trabalho no processo é repetido.

Direção dos autocarros o trabalho do tempo Início e fim passageiros para o fluxo adequado a ser necessidade Na prática a leis de acordo com o almoço um tempo de pausa deve ser de 45 minutos a 2 horas mu mk in . O tempo de pausa para o almoço é o tempo de trabalho desde o início, após um longo período de 4-5 horas, sem demora, é necessário

Passageiros de outro para autocarros sem passar para o endereço chegaram a ir

prever intervalos para almoço, o último em pontos a dar é conveniente. Definir o intervalo de deslocação, prever uma tabela na estrutura do tempo de deslocação de 10 a 15% para mudar e por último na estação levantar o aumento de tempo ou reduzir a permissão será feita.

A deslocação do número em determinação de autocarros um na direção pressionando passado o caminho deslocar-se que saber , que é conta obter necessário

Autocarros o trabalho do tempo a duração na determinação do trabalho terminar do tempo veículo motorizado do tempo de saída corona e almoço uma pausa o tempo menos para lançar necessidade .[19]

A nossa vida está a tornar-se cada vez mais rápida e o verão é quente, o inverno é frio e os dias de espera nas estações de autocarros são um pouco preguiçosos para os passageiros. As tecnologias modernas desenvolveram o período de hoje para os passageiros aplicações móveis especiais através de mais comodidades Criar pode A este respeito, a nossa capital já autocarros para "Thashbus" aplicação móvel para o trabalho caiu.

" TashBus " aplicação móvel (04.08.2016) Sociedade acionista "Toshshahartranskhizmat" no transporte de passageiros de Tashkent no domínio da informação moderna e da comunicação de tecnologias actuais a fazer consistência continuar a trazer está indo Nosso país o 25º aniversário da independência para comemorar na véspera da cidade de Tashkent para passageiros comodidades adicionais Criar para e sistema GPS público no trabalho de transporte melhoria "Toshshahartranskhizmat" acionista "Grand Technology System" programa de apoio ao trabalho do emissor em testes de cooperação "Tashbus" plano móvel aplicação para trabalhar eles caíram

utilizadores de dispositivos móveis "Tashbus" aplicação usando do ônibus para a estação para chegar o tempo sabendo do que eles receberam depois de sua própria para o plano de saídas de estrada que eles recebem Com isso, juntamente com este aplicativo do ônibus on-line a cidade de Tashkent sob o regime eletrônico no mapa oportunidade de observação movimento ônibus dará . Atualmente em dias esta aplicação na capital toda a cobertura de direção de autocarro pode ter recebido

Também a aplicação dos utilizadores que utilizam lã de ovelha tem a capacidade de :

- observação da direção selecionada do movimento dos autocarros ;

- de autocarros selecionados para a estação que chegam a horas sobre a informação tem de ser

- selecionado a partir da estação que as direcções passam sobre a informação obter

- o mais próximo do autocarro mais próximo da estação era intermédio sabendo a distância (distância). obter

- A oportunidade de velocidade tem de ser para direcções selecionadas para a lista de novas direcções para adicionar e novamente outras várias funções úteis.

Atualmente, a partir da opção de utilização da aplicação em dispositivos Android, a aplicação baseia-se em ferramentas móveis Apple iOS.

Também o tempo rápido dentro da versão web da aplicação em www.tashbus.uz para a estrada Os utilizadores da Internet também são trabalho de transporte público sobre a informação terá e movimento de autocarros observar receberá será

Melhoria do trabalho da aplicação móvel para que a sua aplicação Tashbus funcione sobre a oferta e os seus comentários de saber que estamos gratos

Comentários, opiniões, sugestões programa através ou e-mail tashbus@tshtx.uz mail através de envio pode " Aplicação "Thashbus" Google Play e através da AppleStore para morrer pode (Apêndice download obter gratuitamente).

Agora, este aplicativo nas regiões, em particular na província de Andijan Shahri Khan distrito de transporte público se nós ajustar para os passageiros e para o nosso distrito visita comandando Convidados conveniência para criado seremos

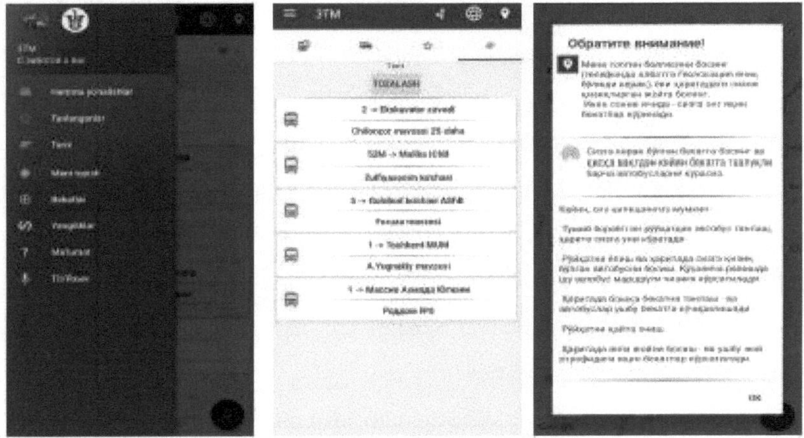

Figura 2.2.9. Interface da aplicação móvel TashBus

TashBus aplicação móvel Shahrikhan distrito atual para fazer através de conveniência passageiros Criar com um público em linha para transportar mais atração passageiro podemos fazê-lo .

De acordo com as conclusões do Capítulo II

Eu sou o segundo no capítulo basicamente o primeiro no capítulo a ovelha mentiu principais problemas Euroshoxbekat solução em alcançar soluções Eu dei a primeira solução principal sistema de pagamento eletrônico por que porque suas as seguintes vantagens há

Neste sistema, é possível efetuar pagamentos de tarifas através de cartões bancários sem contacto (Khumo, UzCard, Master Card, Visa Card, etc.). Será possível carregar os cartões de transporte Yagona com fundos em cartões plásticos bancários, caixas multibanco, quiosques, terminais de carregamento e aplicações móveis.

- com a introdução dos validadores, a cobrança de portagens aumentará de 15 a 25%;

- ao aumentar as receitas das empresas de transporte, cria condições para a renovação sistemática da estrutura do tráfego

-São criadas bases tecnológicas para a otimização dos sistemas de rotas e para um planeamento eficaz.

Agora, uma das segundas principais desvantagens é a introdução de tecnologias digitais modernas no funcionamento da concessionária de automóveis, ou seja, a produção e utilização de uma aplicação semelhante à aplicação TOSHBUS. Pode ver abaixo as vantagens da aplicação, que provou a sua utilidade na prática:

- observações do movimento do autocarro na direção especificada ;

- autocarros selecionados para a estação para chegar a hora e todo o caminho até lá como autocarros para ir sobre um x borot para receber ;

- autocarros perto da estação era a distância que conheciam

- uso rápido para os escolhidos até que aconteça direcções e novamente muitas funções úteis adições possíveis serão

Veja a sua posição esta aplicação também é um controle de estação de autosserviço com vas hu em reforçar juntos o mais a coisa principal passageiros para aumentos muito confortáveis e a renda do posto de gasolina o mais alto para o grau tira sai

CAPÍTULO III AVALIAÇÃO DA EFICIÊNCIA DA GESTÃO COM RECURSO A TECNOLOGIAS DA INFORMAÇÃO NA ACTIVIDADE DA INDÚSTRIA AUTOMÓVEL DO DISTRITO DE SHARIKHAN DA PROVÍNCIA DE ANDIJAN

" Aplicação móvel "TASHBUS" para os transportes públicos no distrito de Shahrikhan, na região de Andijan, com vista à eficiência económica

Uzbequistão na República dos passageiros direito de transporte a título oneroso Uzbequistão República Ministros n° 482 de 4 de novembro de 2003 do Tribunal " Uzbequistão na República automóvel no transporte de passageiros e bagagens

o de passageiros dos autocarros, a segurança do transporte de passageiros, a fim de fornecer requisitos circunscritos, a confirmaça

Passageiro da cidade no transporte de passageiros e transporte de bagagem o direito de pagar Uzbequistão "Shahar" da República transporte de passageiros "sobre". De acordo com o artigo 16.° da Lei, o Conselho de Ministros da República de Karakalpakstan, as regiões e os órgãos de autoridade da cidade de Tashkent (atualmente, esta autoridade governa a cidade de Tashkent). Cidade em redor e inter-províncias no interior - Conselho de Ministros da República de Karakalpakstan, administrações regionais confirmadas (agência de transportes fluviais e automóveis do Uzbequistão, departamentos territoriais e ou transportes de passageiros organizam as comissões de alcance de acordo com).

Intercity-interregional and international in diretions - Uzbekistan car and the river transport agency by is confirmed (inter-city-inter-provincial and international passengers transport diretions placing for open tenders transfer organize reach issues according to interdepartmental of commissions presentation according to).

Tarifas de transporte de passageiros para o serviço definido ao preço que se diz .

Na cidade, os passageiros em transporte, principalmente da tarifa única usando noiva cada passageiro quanta distância para andar não, mas de uso de transporte para o número olhando direito paga Neste Uzbequistão República Ministros No. 482 de 4 de novembro de 2003 do Tribunal "Uzbequistão na República carro no transporte de passageiros e transporte de bagagem as regras e nos autocarros passageiros transporte de segurança para fornecer círculo requisitos confirmação sobre" da decisão segundo para o parágrafo de acordo com passageiros estrada os cartões de bilhetes direito de pagar com pode Também na decisão próprio passageiro com tomar indo um lugar tamanho de bagagem de 60x40x20 cm e quando o peso excede 20 kg tarifa com base no direito de adição também é determinado a ser tomada.

Em torno da cidade, os autocarros interurbanos e interurbanos (província em) em direcções, tarifas de um custo de passageiro-quilómetro com base no autocarro do palácio, o próximo desenvolvimento no olho é feito e a governação da região por, interurbanos da região fora do transporte, enquanto o carro do Uzbequistão e a agência de transporte fluvial por é confirmado .

" Shahrikhan -Asaka " direção de acordo com as receitas de bilheteira a contar, vamos sair

1 do autocarro 1 ciclo ir para chegar renda contar vamos :

Para ele, de acordo com 1 autocarro de 1 pessoa, 1 autocarro em 1 direção, movimento 91 durante a volta, o passageiro transporta o bilhete, o preço é de 3000 soums, o que significa que se tivermos um autocarro 1 vez, vamos chegar ao ciclo durante

$$_{\text{Ciclo}} P = P_1 *3000 = 77*300 = 231{,}000 \text{ soums}$$

Um dia 1 durante o autocarro 2,5 vezes completo no ciclo pendular feito aumentar a conta recebida sem 1 1 dia do rendimento do autocarro a contar vamos :

$$P_{um1} = _{ciclo}P * _{ciclo}n = 231000*2.5 = 577\ 500\ soums$$

6 no sentido " Shahrikhan-Asaka " autocarro participar conta receberá 6 para 1 dia do autocarro encontrar receitas como segue é :

$$P = P_{days\ um1} * n_{avt} = 577500*6 = 3\ 465\ 000\ soums$$

Este encontrado a partir de valor usando Este 1 mês em direção durante 8

$$P_{mês} = P_{day} * n_{day} = 3\ 46\ 5\ 000 * 30 = 103\ 950\ 000\ soums\ .$$

O orçamento total é de 1,28 mil milhões de soum organizados, dos quais 408 milhões de soum de programa de reparação de capital a partir do prazo anterior à conclusão do projeto nacional "Vias de circulação seguras e de boa qualidade" no âmbito dos fundos federais recebidos.

Este projeto, esta aplicação de direção que faz 1,28 mil milhões de rublos, os uzbeques 256 mil milhões por soum soum organizam é suficiente

Quadro 3.1.1

" Shahrikhan-Asaka" direção válida da conta de valor médio das receitas :

Tipos de indicadores	Valores
Autocarros o número	6
Custo do bilhete	3000 soums
1 carro um em circulação fluxo de passageiros	77 deles

O autocarro desloca o número	5
1 1 dia da receita do autocarro	577 500 soums
6 1 dia de receitas do autocarro	3.465.000 soums
6 do autocarro em 1 mês de receitas	103.950.000 soums

Este No quadro 3.1.1 "Shahrikhan-Asaka" direção válida de receitas valor médio conta dada ou seja esta direção movendo transportes públicos número, preço do bilhete, 1 peça do autocarro um em circulação fluxo de passageiros do autocarro número de viagens pendulares, 1 1 dia do rendimento do autocarro, 6 1 dia do rendimento do autocarro, 6 do autocarro em 1 mês receita sobre certeza livros de conta dada ou seja soum montante em valor resultados dados.

Na cidade passageiros No transporte, é basicamente o único da tarifa usando noiva, cada passageiro quanta distância para andar não, mas de uso de transporte para o número olhando direito paga Este é o Uzbequistão República Ministros No. 482 de 4 de novembro de 2003 do Tribunal "Uzbequistão na República carro no transporte de passageiros e transporte de bagagem as regras e em autocarros passageiros segurança de transporte para fornecer círculo requisitos confirmação sobre" da decisão segundo para o parágrafo de acordo com passageiros estrada os cartões de bilhete direito com também para pagar pode Também na decisão o próprio passageiro com tomar indo um lugar bagagem tamanho 60x40x20 cm de e peso de 20 kg quando o aumento da tarifa com base no direito de adição tomado muito definido.

Cidade em torno de atender e interurbano (província em) direções de ônibus tarifas um custo de passageiro-quilômetro com base no ônibus do palácio próximo desenvolvimento no olho captura é feita e governança da região por, intercity da região fora no transporte, enquanto o carro Uzbequistão e a agência de transporte do rio por é confirmado. Cidade em torno de assistir e intercidades (província em) autocarro direções tarifas um passageiro-quilômetro custo baseado em ônibus do palácio próximo desenvolvimento no olho captura é feita e região governadoria por, intercidades da região fora no transporte enquanto carro Uzbequistão e da agência de transporte do rio por é confirmada.

Na cidade, os passageiros Nos transportes, é basicamente o único a partir da tarifa que utiliza a noiva, cada passageiro a distância a percorrer não mas a partir da utilização dos transportes para o número que parece certo paga Isto é República do Uzbequistão Ministros n.º 482 de 4 de novembro de 2003 do Tribunal "Uzbequistão na República carro no transporte de passageiros e bagagem transportar as regras e em autocarros passageiros segurança de transporte para fornecer círculo requisitos confirmação sobre" da decisão segundo para o parágrafo de acordo com os passageiros estrada os cartões de bilhete certo

" Direção "Shahrikhan-Asaka" de acordo com as receitas de bilheteira, a contar da saída

1 do autocarro 1 ciclo ir para chegar renda contando vamos : Para ele de acordo com 1 pc autocarro 1 autocarro em 1 direção movimento 91 durante cerca de passageiro transporta Andijan- Shahrikhan da direção " Shahrikhan-Asaka " . na direção passageiros análise fazer vamos

Quadro 3.1.2

Andijan-Shahrikhan no sentido autocarro movimento diário

A data	Núme ro do	Hora de início do voo	Hora de fim do voo	Tempo intermédio (minuto)	Passageir os o número	Seguid or FIO

	autocarro					
23.05	187	6:00 a.m	7:47 a.m	48	30	Naziro v N
	187	8:02 a.m	9:47 a.m	52	41	Naziro v N
	187	10:13a.m	11:50a.m	54	38	Naziro v N
	187	12:05 p.m	13:58 p.m	50	40	Naziro v N
	187	14:10 p.m	16:06 p.m	60	34	Naziro v N
	Número total de passageiros : 183					
24.05	906	8:30h	9:50 a.m	50	42	Naziro v N
	906	10:15 a.m	12:00 p.m	55	34	Naziro v N
	906	13:25 p.m	15:10 p.m	50	37	Naziro v N
	906	15:29 p.m	17:17 p.m	55	32	Naziro v N
	Número total de passageiros : 145					
25.05	714	7:50 a.m	9:30h	60	41	Naziro v N
	714	9:40 a.m	11:20 a.m	50	39	Naziro v N

A data	Número do	Hora de início do voo	Hora de fim do voo	Tempo intermédio (minuto)	Passageiros o número	Seguidor FIO
	714	11:30h	13:10 p.m	63	34	Naziro v N
	714	13:20 p.m	15:35 p.m	55	37	Naziro v N
	Número total de passageiros : 151					
26.05	738	8:26 a.m	10:15	55	42	Naziro v N
	738	10:38 a.m	12:19 p.m	50	32	Naziro v N
	738	12:43 p.m	14:23 p.m	60	38	Naziro v N
	738	14:33 p.m	16:28 p.m	54	31	Naziro v N
	738	16:35 p.m	18:37 p.m	53	28	Naziro v N
	Número total de passageiros : 171					
27.05	718	9:40 a.m	11:30h	60	38	Naziro v N
	718	11:45 a.m	13:22 p.m	50	40	Naziro v N
	718	13:35 p.m	15:12 p.m	52	29	Naziro v N
	718	15:27 p.m	17:07 p.m	57	24	Naziro v N
	Número total de passageiros : 166					
A data	Núme ro do	Hora de início do voo	Hora de fim do voo	Tempo intermédio (minuto)	Passageir os o número	Seguid or FIO

	autoca rro					
23.0 6	739	6:00 a.m	7:47 a.m	51	23	Naziro v N
	739	8:02 a.m	9:47 a.m	62	41	Naziro v N
	739	10:13 a.m	11:50 a.m	55	35	Naziro v N
	739	12:05 p.m	13:58 p.m	50	32	Naziro v N
	739	14:10 p.m	16:06 p.m	60	30	Naziro v N
	Número total de passageiros : 161					
24.0 6	746	8:30h	9:50 a.m	56	42	Naziro v N
	746	10:15 a.m	12:00 p.m	60	31	Naziro v N
	746	13:25 p.m	15:10 p.m	57	34	Naziro v N
	746	15:29 p.m	17:17 p.m	62	35	Naziro v N
	746	17:25 p.m	19:25 p.m	50	27	Naziro v N
	Número total de passageiros : 169					
25.0 6	714	7:50 a.m	9:30h	60	40	Naziro v N
	714	9:40 a.m	11:20 a.m	57	31	Naziro v N

	714	11:30h	13:10 a.m	61	34	Naziro v N
	714	13:20 a.m	15:35 a.m	52	30	Naziro v N
		Número total de passageiros : 135				
26.06	738	8:26 a.m	10:15 a.m	55	42	Naziro v N
	738	10:38 a.m	12:19 p.m	60	35	Naziro v N
	738	12:43 p.m	14:23 p.m	56	36	Naziro v N
	738	14:33 p.m	16:28 p.m	55	30	Naziro v N
	738	16:35 p.m	18:37 p.m	50	25	Naziro v N
		Número total de passageiros : 168				
27.06	718	9:40 a.m	11:30h	50	35	Naziro v N
	718	11:45 a.m	13:22 p.m	53	30	Naziro v N
	718	13:35 p.m	15:12 p.m	60	29	Naziro v N
	718	15:27 p.m	17:07 p.m	57	28	Naziro v N
	718	17:20 p.m	19:02 p.m	54	20	Naziro v N
		Número total de passageiros : 142				

São 5 dias de observações aritméticas médias que podemos Isso é passageiros diários o número somando 5 seremos

$$yo'l_{o'} = \frac{yo'l_{um}}{5} = \frac{142+168+135+169+161}{5} = \frac{775}{5} = 155$$

155 para 3000 soums se multiplicarmos

$C_{rendimento1} = 155*3000 = 465.000$ soum m

Agora, os transportes públicos da província de Andijan, distrito de Shahrikhan, para a aplicação móvel TashBus funcionarem, se deixarmos cair o autocarro em movimento, espera-se que o número de passageiros aumente para 30-35%. E este número de autocarros diários para aumentar o rendimento para 30-35% virá.

Quadro 3.1.3

Indicadores económicos condição inicial e seguinte

Tipos de indicadores	Valores iniciais	Estado da chave
1 carro um no dia transportou quantidade de passageiros	155	209 deles
1 1 dia da receita do autocarro	465500 soums	627 000 soums
6 1 dia de receitas do autocarro	2.790.000 soums	3,762,000 soums
6 do autocarro em 1 mês de receitas	83.700.000 soums	112.860.000 soums

O benefício puro de um autocarro um no dia 161.500 soums em média organizar está a fazer Este valor enquanto 6 1 dia do rendimento do autocarro é 969.000 soums , 6 do autocarro em 1 mês receita ou seja para 30 dias para crescer 29.160.000 soums um o autocarro no primeiro dinheiro relativamente benefício vem sai

Hoje em dia, o transporte público em detrimento do desempenho nunca é um segredo para ninguém. Por exemplo, o transporte comunitário muito desenvolvido apesar da nossa capital vai gastar 150 mil milhões em 2021. Esta é a razão pela qual, enquanto o público para o transporte de passageiros cobertura falta dele. Desenvolvido 50% da população nos estados público de transporte usa Temos este indicador - 21%. Andijan na cidade este indicador - 2,2 % organizar está a fazer aplicação móvel TashBus província de Andijan distrito Shahrikhan para aplicar através de indicador de cobertura nível significativo para aumentar eu acredito

3.2 PROTECÇÃO ECOLÓGICA E AMBIENTAL .

Nas cidades, o tráfego é a principal fonte de poluição. instalações de transporte 7% até Nas cidades enquanto - fazer 20-30% até (alguns Nas partes centrais das cidades - até 40-50%) ocupa o território, o mesmo portanto, a poluição do solo é o primeiro problema ambiental. A cidade é uma das formas de resolver eficazmente o problema da ocupação do território, por exemplo, lugares de estacionamento temporários e permanentes para veículos, elétrico rápido, é a utilização de largura subterrânea para rotas de autocarros, etc. é considerada 4,5-7 para uma autoestrada de seis faixas de 1 km acima do solo para o mesmo Portanto, a terra sob enquanto - 0,1 para a demanda de área será feita

No estrangeiro (especialmente em Inglaterra, Indonésia e Japão). estradas ou de transporte de cada tipos diferentes para o mar na área não derramar tiras ou flutuante ensolarado para as ilhas estradas para construir prática cada vez mais comer espalhar. No entanto, trazendo sistemas de transporte em túneis ou viadutos seu o preço 4 mesmo e dele também aumenta mais.

Durante a construção de instalações de transporte, o sistema hídrico do solo (rotação natural da água) viola um grande problema ecológico que pode causar danos ao solo e às próprias estruturas devido ao grande poder erosivo da água.

Gasolina, óleos, constituintes sólidos e líquidos do solo, congelamento contra na luta sais usados com contaminação problema acentuado que é calculado (3-4 t por 1 km de estrada por ano, e 100 t em anos com inverno desfavorável até sal polvilhado).

O segundo problema ecológico de contaminação da água é considerado no transporte 95% da água utilizada para as necessidades tecnológicas é imprópria para beber permanece (gasolina para a água do que 7 vezes mais rápido para o solo absorvido vai). O transporte de água é efectuado através de massas de água com águas de lastragem e de lavagem (poluição de 75-80%), de petróleo bruto (3%) e de gasolina durante o seu transporte e armazenamento intermédio (2%), a evaporação polui. Uma tonelada de petróleo 10-12 sq até km de água polui a superfície, e os óleos de petróleo a mais de 300 km da fonte de poluição espalham-se por uma distância maior. Para os danos causados pela poluição por hidrocarbonetos, a responsabilidade da cidadania sobre a convenção internacional, os restos mortais só são aceites para as instalações de lançamento de substâncias que a lista estritamente definida deu aos EUA a informação dos investigadores de acordo com as regras, os navios transportam até 1,5 kg de resíduos secos e até 2 kg de alimentos por pessoa, e em condições costeiras este indicador é de 0,04 e 0,27 kg, o que organiza

É considerado o terceiro problema ecológico da contaminação da atmosfera (91,3% da poluição é causada pelo transporte rodoviário, 3,7% pelo transporte ferroviário, 2,7% pelo transporte marítimo, 0,9% pelo transporte fluvial e 1,4% pelo transporte aéreo).

Para além dos automóveis para o Uzbequistão e os países da Europa Ocidental que saem nocivos da comparação de substâncias emissão 7.4 no quadro dado.

Uma pessoa passa um ano a viajar 900 km num carro consome muito oxigénio. Segundo investigadores americanos, morrem todos os anos cerca de 50.000 pessoas devido a envenenamento por fumo com os olhos fechados.

na Suíça, a ação intensiva tem sido as auto-estradas nas proximidades de pessoas que vivem a 400 m de distância, além de vidas de pessoas que sofrem de cancro 9 vezes mais rápido do que a doença que se está a propagar. Um aumento da intensidade do movimento de 400 para 1000 carros/hora provocará a libertação de gases tóxicos 4 vezes, altera a organização do tráfego, o transporte em trânsito, a saída da cidade, o centro da cidade em partes, a redução da intensidade da ação.

A redução da poluição atmosférica é conseguida através de medidas como a utilização de neutralizadores que reduzem a quantidade de emissões nocivas até 70%, a melhoria da construção dos motores e do sistema de ligação, a gasolina, sendo possível calcular a substituição dos tipos tradicionais de motor e de combustível. A utilização de veículos eléctricos nas cidades reduz significativamente a qualidade do ar.

Quadro 3.2.1 .

A partir de carros separados saindo classificação de substâncias nocivas

Conteúdo parte	Dos carros separados saem substâncias nocivas emissão, g/km		
	Automóveis ligeiros a gasolina com motor	Gasóleo com carga do motor carros	Diesel com motor de autocarro
SO	16.0 (15 0)	5.1 (4 7)	7.8 (2 5)
NS	3.0 (2 0)	2.7 (1 9)	3.4 (1,1)
NÃO	2.4 (2,1)	11.4 (9 5)	10.0 (11.0)
Changsi Mon particlea	- (-)	1 5 (1 1)	1.9 (0.7)

r			

De acordo com as conclusões do terceiro capítulo

A província de Andijan, no nosso país, tem a população mais densa da zona onde está localizada. Especialmente nos transportes públicos para a população, o serviço de transporte para mostrar a questão é importante. Hoje em dia, a atividade dos táxis direcionais (damas) e sem direção é boa para a estrada. É por isso que, para o distrito de Shahrikhan, a infraestrutura de transporte público digital da economia atual é o que precisamos. Nesse sentido, em nossa capital, é bom o resultado dado pelo celular "TashBus" do aplicativo para usar a dissertação na minha oferta de trabalho, fazendo eu entrei. Acredito que isto através de nós passageiros conveniência Criar com juntos alta económica nós também alcançar a eficiência .

CONCLUSÃO

Serviço de transporte público o efeito aumentar hoje do dia É considerado um problema sério . Cidades em 2017-2021 e em aldeias serviços de veículos a motor mais o programa de desenvolvimento foi aprovado. Nele novas direções de ônibus organizar alcance, estações de ônibus disponíveis e estações de ônibus para construir e reconstrução para fazer, para mover para o cronograma estritamente cumprimento a ser feito fornecer no olho pego PQ- 3589 datado de 6 de março de 2019, de acordo com o Apêndice 8 para a decisão Shahri Khan nas estações de ônibus do distrito e reconstrução de estações de ônibus para fazer obras planejadas.

O serviço de transporte para mostrar organizar o sistema de alcance mais melhoria da propriedade de todas as formas transportadoras para a criação de ambiente de concorrência e condições confortáveis, bem como transporte - trânsito da república aumento potencial de obras feitas é aumentado. As rotas de transporte nos distritos organizam-se em alcançar e ele em aprender muitos factores por aprender saída necessária é contado.

O fluxo de passageiros, a sua quantidade e outras descrições, o primeiro na mobilidade de transporte da população depende será Shahri Khan no distrito de fluxo de passageiros método de observação estudado neste de passageiros indicadores anuais diários por aprendizagem liberada Para atividades de transporte efeito doer análise de fatores feitos esta pesquisa no trabalho Shahri Khan distrito de ônibus na direção de contras, licenciado e sem licença atividade de transporte com veículos engajados por aprendizagem liberada Ônibus capacidade de passageiros de fluxo para o poder de seu tempo e direção comprimento de acordo com a distribuição e estrada das condições saiu sem necessidade de seleção

A capacidade dos autocarros era grande, o fluxo de passageiros era pequeno quando a aplicação do serviço de autocarros aumentava o intervalo para ir e, devido aos passageiros, muitas vezes os autocarros tinham de esperar para ir. Shahri Khan no distrito de passageiros veículos para na escolha mais da estrada da cidade em pedaços atenção para dar necessário porque Shahri Khan distrito ruas capacidade de ônibus veículos grandes para não pretendido, nas estações da estrada 62nd quando ele pára comutar na parte vendo ficar possível maneira da peça de retorno em partes para transportes especialmente autocarros para muito inconveniente razão será.

REFERÊNCIAS

1.	"Estratégia de acções para um maior desenvolvimento da República do Usbequistão" do Presidente da República do Usbequistão Sh. Mirziyoyev, Tashkent, jornal "Khalk sozi", 8 de fevereiro de 2017, número 28(6722).

2.	Azizov QX "Fundamentos da organização da segurança rodoviária". - Tashkent: F an e tecnologia , 2009.-244b.

3.	Antonov M.N. "Sovershenstvovanie metodov obsnovaniya parametrov transportnogo obslujivaniya naseleniya po busbusnym marshrutam regulyarnyx perevozok" : Avtoref.dis.kand.ekon.nauk. -M., 2000. -20 p.

4.	Antoshvili M.E. i dr. "Organization of city transport with mathematical methods and EVM, M., Transport, 1974.-104p.

5.	Antoshvili M.E. Otimização do transporte em autocarro urbano / M.E. Antoshvili, S. Yu. Lieberman, IV Spirin. - M.: Transportes, 1985.-102p.

6.	Afanasev L.L., Vorkut A.I., Dyakov A.B., Mirotin L.B., Ostrovsky N.B. Passenger car transport. Uchebnik dlya studentssov VUZov, obuchayushchikhsya po spesialnosti "Expluatatsiya avtomobilnogo transporta". Pod ed. N.B. Ostrovskogo - M.: Transportes, 1986.-220 p.

7.	Abdullayev BI Serviço de transporte de autocarros urbanos nas rotas melhoria dos indicadores de qualidade . Ciências técnicas de acordo com o resumo da dissertação de doutorado em filosofia (phd). - Tashkent, 2019.-53p

8.	Blatnov AD Passajirskiye car n y ye perevozki . M.: Transportes, 1972.-222 p.

9. Bolonenkov G., Bogdasarov A., Umarov U. "Modelirovanierazvitiya i funkirovaniya sistem gorodskogo pasajirskogo transporta", T.: "Uzbekistan", 1983.-360 p.

10. Bolshakov A.M. Povyshenie kachestva obsluzhivaniya pasajirov i effektivnosti raboty abusovov: uchebnik dlya vuzov / Pod ed. A.M. Bolshakova. -M.: Transportes, 1981. -206 p.

11. Buslenko N.P. Modelirovanie slojnyx system. M. , NAUKA, 1978.-400p.

12. Butayev Sh.A. e b. Transporte a jara modelação e otimização . T., "Science", 2009.-294p.

13. Butayev SH, Sidiqnazarov QM, Muradov AS, Koziyev AU. Logística: entregar para dar na gestão das correntes da cadeia" "Extrimum - Press", 2012-580 p.

14. Conceito de desenvolvimento dos transportes urbanos de passageiros na República do Usbequistão, aprovado pelo Conselho de Ministros n° 513 de 26.11.1999.

15. Kulmukhamedov JR e outros. Em veículos de transporte de passageiros organizar , T., " Ilm Zi è ", 2016-160 p.

16. Kushchenko L.E. Povyshenie effektivnosti organizatsii dvizheniya v gorode na osnove minimizatsii zatorov.: Dis.kand.tekhn.nauk. -Belgorod, 2015. -105 p .

17. Mirotin L.B. Logística: transportes colectivos de passageiros. L. B. Mirotin. M.: Exame, 2003. -224 p.

18. Moon V.S. Passajirskie avtomobilnye perevozki.T.: Professor, 1990.-208p.

19. "Obsledovanie passajirskikh potokov na vsex vidakh gorodskogo passajirskogo transporta g. Tashkent": Zaklyuchitelnyi ochet: Rukovoditel raboty A.A. Nazarov.-No. 237/2014 -Tashkent, 2014.

20. Rasulov M. "Fundamentos da economia de mercado", T., Uzbequistão, 1999-381 p.

21. Samatov GA Transportes regionais de passageiros: eficácia da organização e perspectivas de desenvolvimento -Tashkent: Ciência, 1989.-136 p.

22. Safronov K.E. Methodology organizatsii perevozok malomobilnykh grupp naseleniya gorodskim pasajirskim transportom.: Dis.doct.tekhn.nauk. -Omsk, 2017. -426 p.

23. Spirin I.V. Organizatsiya i upravlenie passajirskimi avtomobilnymi perevozkai, M., Akademia, 2010.-400p.

24. Fishelson M.S. "Gorodskie puti soobshcheniya", M.: Vysshchaya shkola, 1980.

25. Khodjayev BA Avtomobilnyye perevozki, T: Fan., 1991. - 400p.66.

Khojaev BA Carga em automóveis e transporte de passageiros - noções básicas, T.: Uzbequistão, 2002. -400p.

26. Shabanov A.V. Regional logistics systems of public transport: methodology of formation and management, Rostovna Donu, SKNS VSh, 2001.-205p.

27. Subtsenko K.A. Aumento da eficiência do sistema de transporte por autocarro com caraterísticas especiais da rede rodoviária. Dis.cand.techn.nauk. -Orèl, 2017. -127 p.

28. Yatsenko S.A. Povysheniye kastestva obslujivaniya pasajirov na gorodskih busznykh marshrutakh v usloviyakh impreneniya podvijnogo sostava raznoy vmestimosti.: Avtoref.dis.kand.tekhn.nauk. -Irkutsk, 2012. - 20 p.

29.   Ap. Sorratini, J., Liu, R. & Sinha, S. Assessing Bus Transport Reliability Using Mi c ro-Simulation. Transportation Planning and Technology , 2008. Vol. 31, (3), pp. 303-324.

30.   Arhin, S.A., Noel, E. C. & Dairo, O. Desempenho e critérios de chegada pontual em paragens de autocarro numa área urbana densa. International Journal of Traffic oath Transportation Engineering , 2014. Vol . 3, (6). Pp . 233-238.

31.   "Polozheniye i metodi c heskiye rekomendatsii po otsyenke "Obrazsovyy marshrut"", T.: 2013. -11 p.

RELATIVA À APROVAÇÃO DAS REGRAS DE TRANSPORTE DE PASSAGEIROS E BAGAGENS NA REPÚBLICA DO USBEQUISTÃO E AOS REQUISITOS PARA GARANTIR A SEGURANÇA DO TRANSPORTE DE PASSAGEIROS EM AUTOCARROS

Sobre a aprovação do horário dos táxis com as direcções especificadas neste documento, sobre a aprovação do horário dos táxis com direcções, aprovação do esquema das rotas de transporte de passageiros no transporte rodoviário, horário do tráfego de autocarros com direcções para sobre a aprovação do passaporte da rota do transporte rodoviário de passageiros, sobre a aprovação do horário da rota do autocarro PQ-1604 do Presidente da República do Uzbequistão datado de 25 de agosto de 2011 - cancelado em 1 de setembro de 2011 com base na <u>decisão</u> no .

<u>da Lei</u> da República do Usbequistão "relativa aos transportes a motor", o Conselho de Ministros decide:

1. O seguinte:

As regras para o transporte de passageiros e de bagagens de automóvel na República do Usbequistão estão em conformidade com o <u>Apêndice 1</u> ;

Ver <u>edição anterior.</u>

Os requisitos para garantir a segurança do transporte de passageiros em autocarros e táxis na República do Usbequistão devem ser aprovados em conformidade com o <u>Apêndice 2</u> .

<u>a decisão</u> do Conselho de Ministros da República do Usbequistão n.º 738, de 6 de dezembro de 2021 - Base de dados nacional de informações legislativas, 06.12.2021, n.º 09/21/738/1133)

2. Note-se que os requisitos <u>do ponto 15 do apêndice 2 da presente decisão</u> relativos aos equipamentos com dispositivos de controlo (tacógrafos) entrarão em vigor em 1 de janeiro de 2004.

<u>A Decisão</u> n.º 378, de 31 de julho de 1997, do Conselho de Ministros da República do Usbequistão "Sobre a aprovação dos requisitos para garantir a segurança do transporte de passageiros em autocarros na República do Usbequistão" é considerada nula e sem efeito. .

4. O Primeiro Vice-Primeiro-Ministro da República do Usbequistão, KN Tolaganov, é responsável pelo controlo da aplicação da presente decisão.

Primeiro-Ministro da República do Usbequistão O'. SULTANOV

Cidade de Tashkent,

4 de novembro de 2003

N.º 482

APÊNDICE 1 <u>da decisão</u>
do Conselho de Ministros
n.º 482, de 4 de novembro de 2003

Transporte de passageiros e bagagens

REGRAS

Capítulo I. Regras gerais

1. As presentes regras relativas ao transporte rodoviário de passageiros e bagagens (a seguir designadas por "regras"), "<u>Transportes rodoviários</u>", "<u>Transportes urbanos de passageiros</u>", "<u>Segurança do tráfego rodoviário</u>" e "<u>Proteção dos direitos dos consumidores</u>" foram elaboradas em conformidade com a legislação da República do Usbequistão e aplicam-se ao transporte rodoviário de passageiros e bagagens na República do Usbequistão.

2. O transporte de passageiros e bagagens em veículos automóveis é efectuado no caso de existirem acordos (contratos) celebrados sobre a prestação de serviços de transporte de passageiros em rotas regulares estabelecidas de acordo com a licença relevante e os resultados do concurso.

Ver <u>edição anterior.</u>

3. Os valores das tarifas para o transporte de passageiros e bagagens são determinados de acordo com o presente Regulamento e demais legislação.

<u>a Resolução</u> do Conselho de Ministros da República do Usbequistão n.º 153, de 4 de abril de 2022 - Base de dados legislativa nacional, 04/05/2022, n.º 09/22/153/0266)

4. O transporte internacional de passageiros e bagagens em automóvel é igualmente regulado por acordos internacionais da República do Usbequistão.

Ver <u>edição anterior.</u>

5. Requisitos dos bilhetes de transporte rodoviário, formulários de registo de bilhetes e de transporte rodoviário, direcções, passaportes das estações de autocarros (estações de autocarros), formulários e documentos metodológicos de instrução relacionados com o transporte de passageiros e bagagens no transporte rodoviário Ministério dos Transportes da República do Usbequistão confirmado por

<u>Resolução</u> n.º 271 do Conselho de Ministros da República do Usbequistão, de 8 de maio de 2020 - Base de dados nacional de documentos jurídicos, 08.05.2020, n.º 09/20/271/0565)

Capítulo II. Transporte de passageiros e de bagagens

§ 1. conceitos básicos

6. Nas regras são utilizados os seguintes conceitos básicos:

Autocarro - veículo a motor destinado ao transporte de passageiros e bagagens, com mais de 8 lugares sentados, excluindo o lugar do condutor;

estação de autocarros (estação de autocarros) - uma organização que realiza transporte-expedição, actividades de transporte e presta outros serviços aos passageiros;

pavilhão - uma estrutura na estrada destinada ao serviço de passageiros;

carro de bagagens - um carro concebido para o transporte de bagagens;

Bagagem - artigos colocados num contentor para expedição e transportados por um passageiro neste autocarro;

recibo de bagagem - um documento que confirma que a bagagem foi aceite para transporte;

Ver edição anterior.

O bilhete é um documento juridicamente vinculativo que confirma o direito do passageiro a utilizar o autocarro mediante o pagamento de uma taxa e a celebração de acordos de transporte público entre o passageiro e o transportador;

a Resolução do Conselho de Ministros da República do Usbequistão n.º 34, de 16 de fevereiro de 2011 - ONG da República do Usbequistão, 2011, n.º 7-8, artigo 58.)

condutor - uma pessoa que conduz um veículo a motor;

estrada - uma faixa de terreno ou uma superfície de uma estrutura artificial construída e utilizada para a circulação de veículos;

bagagem de mão - objectos colocados num contentor para transporte, transportados gratuitamente pelo passageiro;

Automóvel de passageiros - um veículo a motor concebido para o transporte de passageiros e bagagens, com um máximo de 8 lugares sentados, excluindo o lugar do condutor;

Ver edição anterior.

táxi sem direção - não tem mais de quatro lugares, exceto o condutor, que presta serviços de transporte mediante o pagamento de uma taxa, de acordo com o indicador do dispositivo com uma aplicação especial que fornece funções de taxímetro de acordo com as ordens dos passageiros de um veículo automóvel ligeiro;

Resolução n.º 116 do Conselho de Ministros da República do Usbequistão, de 18 de março de 2023 - Base de dados nacional de informação legislativa, 22 de março de 2023, n.º 09/23/116/0158)

Ver edição anterior.

O agregador é uma entidade jurídica que presta serviços interactivos de pesquisa de clientes a transportadores de passageiros em táxi não direcionais;

Decisão do Conselho de Ministros da República do Usbequistão n.º 116, de 18 de março de 2023 - Base de dados nacional de informações legislativas, 22.03.2023, 09/23 /116/0158)

Autocarro de carreira - um autocarro concebido para transportar passageiros e bagagem ao longo de um itinerário específico;

Ver edição anterior.

Táxis de carreira - um veículo a motor (miniautocarro ou automóvel de passageiros) concebido para transportar passageiros em percursos regulares que param a pedido dos passageiros;

a Resolução do Conselho de Ministros da República do Usbequistão n.º 738, de 6 de dezembro de 2021 - Base de dados legislativa nacional, 06.12.2021, n.º 09/21/738/1133)

rota - uma via de tráfego designada para veículos a motor entre destinos específicos;

Ver edição anterior.

Passaporte de itinerário (documentos de itinerário) - documentos que descrevem informações básicas sobre o itinerário (é permitido ter o passaporte de itinerário em formato eletrónico);

a Resolução do Conselho de Ministros da República do Usbequistão n.º 738, de 6 de dezembro de 2021 - Base de dados legislativa nacional, 06.12.2021, n.º 09/21/738/1133)

Passageiro - uma pessoa singular que utiliza os serviços de transporte de acordo com o contrato de transporte celebrado;

plataforma - uma plataforma mais alta do que o nível da superfície da estrada, destinada ao embarque e desembarque de passageiros nas estações de autocarros (estações de autocarros);

Ver edição anterior.

transportador - uma entidade jurídica que possui um veículo a motor com base em direitos de propriedade ou outros direitos materiais, presta serviços de transporte de passageiros e de bagagem numa base comercial e possui uma autorização especial (licença) para o efeito;

a Decisão do Conselho de Ministros da República do Usbequistão n.º 98, de 29 de maio de 2006 - Coletânea de documentos jurídicos da República do Usbequistão, n.º 22, 2006, artigo 194.)

horário do voo - um gráfico (tabela) com informações sobre a hora, o local e a consistência do voo;

voo - o percurso de um veículo a motor desde o início do trajeto até ao destino final;

direcções especiais - transporte de empregados de organizações de e para o local de trabalho;

esquema do itinerário - uma representação gráfica do itinerário com símbolos condicionais;

tarifa - o montante do pagamento fixado para o transporte de passageiros e bagagem;

stencil - indicador destinado a informar os passageiros sobre o itinerário;

Ver edição anterior.

itinerários regulares - um itinerário definido para veículos a motor entre determinados destinos, de acordo com o esquema de itinerários aprovado, o plano de tráfego e as tarifas de portagem.

a decisão do Conselho de Ministros da República do Usbequistão n.º 738 de 6 de dezembro de 2021 - Base de dados nacional de informação legislativa, 06.12.2021, 09/21/738/1133 -thigh)

§ 2. Tipos de transporte e sua organização

7. O transporte de passageiros divide-se nos seguintes tipos:

a) transportes na cidade;

b) transportes na cidade;

c) transportes interurbanos;

g) transporte internacional.

Passageiros:

a) nos autocarros direcionais;

b) em autocarros e automóveis fornecidos a pessoas singulares e colectivas de acordo com as suas encomendas (ordens) ou outros contratos de transporte;

c) em táxis sem direção;

g) é transportado por táxis direcionais.

Ver edição anterior.

8. Tráfego de autocarros e táxis de carreira:

a) nas zonas urbanas - pelas administrações municipais ou pelo Ministério dos Transportes da República de Karakalpakstan, pelos departamentos de transportes regionais e da cidade de Tashkent;

b) nas rotas suburbanas e interurbanas-provinciais - pelas administrações regionais ou pelo Ministério dos Transportes da República do Caracalpaquistão, departamentos regionais de transportes;

v) nas rotas interprovinciais, interurbanas e internacionais - organizadas de acordo com os horários estabelecidos pelo Ministério dos Transportes da República do Usbequistão.

Resolução n.º 271 do Conselho de Ministros da República do Usbequistão, de 8 de maio de 2020 - Base de dados nacional de documentos jurídicos, 08/05/2020, n.º 09/20/271/0565)

Ver edição anterior.

9. Estabelecimento (abertura) de novas rotas de acordo com o procedimento estabelecido pela legislação:

a) nas direcções dentro das cidades, subúrbios e regiões - pelas divisões territoriais do Ministério dos Transportes da República do Usbequistão (a seguir designado "Ministério dos Transportes");

b) nos trajectos interprovinciais-interurbanos - pelo Ministério dos Transportes;

c) nas rotas internacionais - efectuado pelo Ministério dos Transportes em acordo com a autoridade competente no domínio dos transportes de países estrangeiros.

a Resolução do Conselho de Ministros da República do Usbequistão n.º 738, de 6 de dezembro de 2021 - Base de dados nacional de informações legislativas, 06.12.2021, n.º 09/21/738/1133)

Ver edição anterior.

10. Deve ser elaborado e aprovado (incluindo por via eletrónica) pelo Ministério dos Transportes ou pelas suas divisões regionais, conforme adequado para a rota, um passaporte de rota para cada rota recentemente aberta e utilizada, o qual deve conter os seguintes elementos

a decisão do Conselho de Ministros da República do Usbequistão n.º 738, de 6 de dezembro de 2021 - Base de dados nacional de informações legislativas, 06.12.2021, n.º 09/21/738/1133)

a) página de rosto com os principais indicadores da direção;

Ver edição anterior.

b) esquema do itinerário (endereços de paragem, troços de estrada perigosos para o tráfego, passagens de nível, estrada transversal sobre a estrada transversal são indicados no esquema, etc.). Os esquemas de itinerários interurbanos, inter-regionais e internacionais também mostram locais de descanso e restaurantes;

a decisão do Conselho de Ministros da República do Usbequistão n.º 294, de 2 de novembro de 2011 - ONG da República do Usbequistão, 2011, n.º 45-46, artigo 470.)

c) Protocolo de medição da distância e cronologia do tempo de deslocação do veículo;

g) Horário de circulação do veículo a motor na direção;

d) tarifas.

11. Certas categorias de passageiros têm direito a transporte preferencial (incluindo gratuito).

Ver edição anterior.

As categorias de passageiros com direito a viagens preferenciais no transporte automóvel e o procedimento de concessão desses privilégios são determinados nos termos da lei.

a Resolução do Conselho de Ministros da República do Usbequistão n.º 153, de 4 de abril de 2022 - Base de dados legislativa nacional, 04/05/2022, n.º 09/22/153/0266)

12. Ao viajar em veículos a motor em percursos regulares de transporte de passageiros, o passageiro deve adquirir um título de transporte rodoviário, conservá-lo durante toda a viagem e apresentá-lo à primeira solicitação do controlador.

13. Os passageiros compram os bilhetes nas bilheteiras ou ao condutor (motorista).

14. No caso de o veículo a motor no itinerário estar avariado, os documentos de viagem rodoviários emitidos aos passageiros são válidos para viajar noutro veículo a motor no mesmo itinerário. Os passageiros são transferidos para outro veículo pelo condutor do veículo avariado.

Os bilhetes perdidos pelos passageiros não serão repostos e o dinheiro pago por eles não será reembolsado.

15. No autocarro:

a) condução de passageiros em estado de embriaguez;

Ver edição anterior.

b) consumo de álcool e de produtos do tabaco;

a decisão do Conselho de Ministros da República do Usbequistão n.º 148, de 29 de maio de 2012 - ONG da República do Usbequistão, 2012, n.º 22, artigo 244.)

c) abrir as janelas sem a autorização do condutor;

g) pendurado na janela;

Ver edição anterior.

d) transportar substâncias e objectos inflamáveis, explosivos, venenosos, tóxicos, radioactivos, bem como armas e objectos que possam ser utilizados como armas frias, de forma aberta (sem caixa);

a decisão do Conselho de Ministros da República do Usbequistão n.º 810 de 26 de dezembro de 2020 - Base de dados nacional de documentos jurídicos, 28.12.2020, 09/20/810/1673- número - em vigor desde 29 de março de 2021)

e) transportar objectos de dimensão superior a 100 cm x 50 cm x 30 centímetros ou de peso superior a 60 quilogramas por lugar, bem como objectos de comprimento superior a 200 centímetros;

j) transportar objectos e artigos que poluam a cabina ou o vestuário dos passageiros;

z) É proibido transportar cães e outros animais sem açaime.

§ 3. Requisitos aplicáveis aos veículos de passageiros

16. O estado técnico e o equipamento dos veículos a motor devem satisfazer os requisitos das normas e regulamentos de utilização técnica aplicáveis.

17. Os veículos a motor devem estar equipados de acordo com a norma estatal do Uzbequistão Dst 974/2000.

§ 4. Requisitos aplicáveis aos condutores que transportam passageiros

18. Os condutores que transportam passageiros em veículos automóveis devem satisfazer os requisitos estipulados nas normas estatais do Usbequistão e noutros documentos legais.

19. Quando os motoristas dos autocarros e dos táxis estão a trabalhar no percurso:

Ver edição anterior.

ao certificado que confirma o direito de efetuar o transporte por veículo a motor nessa direção, em conformidade com o contrato;

a decisão do Conselho de Ministros da República do Usbequistão n.º 738, de 6 de dezembro de 2021 - Base de dados nacional de informações legislativas, 06.12.2021, n.º 09/21/738/1133)

para a respectiva licença (cartão de licença);

para documentos de direção;

para a folha de contabilidade da carta de porte e do bilhete;

aos registos da inspeção técnica do veículo a motor e do exame médico dos condutores, que são efectuados de acordo com o procedimento estabelecido antes da partida para a estrada;

devem dispor de um horário e de um esquema de itinerários (nos percursos suburbanos, interurbanos e internacionais - indicando a hora e o local de passagem por zonas residenciais, de refeições, de repouso e de dormida nocturna).

Ver edição anterior.

da decisão do Conselho de Ministros da República do Usbequistão n.º 406 de 21 de agosto de 2023 - Base de dados nacional de informações legislativas, 22/08/2023, n.º 09/23/406/0625)

§ 5. Contabilidade da atividade dos veículos de passageiros

20. Seguem-se os principais documentos que têm em conta o trabalho dos veículos de passageiros:

a) documento de registo do veículo;

b) folha de registo dos bilhetes dos veículos a motor que circulam na cidade, nos subúrbios e interurbanos (exceto táxis sem direção);

c) uma missão relativa à exploração de autocarros e veículos de passageiros de acordo com as encomendas (ordens) e outros contratos;

g) aviso de venda de bilhetes (exceto para os táxis não dirigidos).

21. Os formulários de ordens de exploração rodoviária e os talões de registo de veículos a motor e as ordens (encomendas) e outros contratos devem ser registados e armazenados no transportador de acordo com as regras de contabilidade e armazenamento de formulários.

22. Não são permitidas correcções e rasuras nos documentos de viagem. O condutor deve controlar a exatidão de todas as inscrições nos documentos de viagem na garagem, em viagem, à entrada dos destinos intermédios e nos destinos finais.

Capítulo III. Transporte de passageiros e bagagens nos trajectos urbanos

§ 1 Regras gerais

23. As carreiras de transporte urbano de passageiros dividem-se nos seguintes tipos:

a) as carreiras normais, rápidas, expressas e adicionais na cidade em hora de ponta;

b) percursos na cidade que não distam mais de 2 km da periferia da cidade;

c) táxis direcionais.

As rotas na cidade asseguram as ligações de transporte das zonas residenciais e industriais da cidade (cidade) com as organizações culturais, domésticas e desportivas e de saúde, estações ferroviárias, aeroportos, estações de autocarros, estações de metro, plataformas ferroviárias, cais, etc.

24. De acordo com a natureza do serviço público, as linhas da cidade podem ter vários modos de funcionamento:

a) direcções permanentes válidas durante o período especificado do dia, da semana, do mês;

b) percursos sazonais organizados durante o período de atividade de zonas de lazer, complexos desportivos e de saúde, feiras e similares;

c) direcções especiais;

g) indicações temporárias introduzidas quando surgem situações de emergência nos cruzamentos rodoviários, quando determinados troços, vias de comunicação e zonas são encerrados.

§ 2. Pagamento de tarifas com cartões de tarifa

25. A venda antecipada de bilhetes é efectuada em pontos de venda especialmente organizados, bem como através de organizações de vendas e transportadores diretos.

O cartão de transporte não dá direito a transporte gratuito de bagagem.

Ver edição anterior.

Os cartões tarifários estão divididos por séries, tipos de transporte e são válidos para todas as categorias de passageiros, e os cartões preferenciais são válidos para reformados, pessoas com deficiência, estudantes e alunos.

a decisão do Conselho de Ministros da República do Usbequistão n.º 62, de 8 de fevereiro de 2022 - Base de dados nacional de informações legislativas, 08.02.2022, n.º 09/22/62/0111)

Os cartões de transporte rodoviário de todas as séries e tipos utilizados nos transportes urbanos não são válidos para os táxis, as carreiras suburbanas e as carreiras interurbanas (inter-regionais e internacionais).

§ 3. Condições de transporte

26. Os passageiros só podem ser tomados e largados nas paragens. Quando existem paragens "a pedido" no itinerário, o passageiro deve avisar previamente o condutor da necessidade de parar o veículo.

27. A recolha e a entrega de passageiros de táxi com ou sem direção são efectuadas a pedido dos passageiros, no respeito das regras de segurança rodoviária.

28. Um passageiro com um cartão de viagem ou outro documento que confirme o direito de viajar de autocarro deve apresentá-lo ao entrar no autocarro.

29. Os passageiros têm o direito de transportar gratuitamente crianças com menos de sete anos de idade nas carreiras de autocarros urbanos.

Ver edição anterior.

30. Aos passageiros com crianças em idade pré-escolar, mulheres grávidas, pessoas com deficiência e idosos são atribuídos 6 lugares à frente na cabina do autocarro, dependendo da sua capacidade de passageiros. Os outros passageiros que ocupem estes lugares têm de os ceder a estas pessoas.

Resolução n.º 62 do Conselho de Ministros da República do Usbequistão, de 8 de fevereiro de 2022 - Base de dados legislativa nacional, 8 de fevereiro de 2022, n.º 09/22/62/0111)

31. O condutor só sai da paragem do autocarro com as portas fechadas, depois de os passageiros terem sido completamente descarregados e retirados, e anuncia clara e

corretamente as paragens; neste caso, o sentido da viagem mudou, sendo necessário anunciá-lo em cada estação. Não é permitido encher a cabina do autocarro para além da capacidade total especificada para um tipo específico de autocarro.

§ 4. Bagagem de mão e transporte de bagagens

Ver edição anterior.

32. Os passageiros são autorizados a transportar bagagem de mão com um tamanho de 60 cm x 40 cm x 20 cm e um peso não superior a 20 quilogramas, bem como um instrumento musical, objectos até 150 centímetros de comprimento, bem como pequenos animais e pássaros numa gaiola, um carrinho de bebé (as crianças com deficiência têm o direito de transportar carrinhos de bebé de outras pessoas), pequeno equipamento de jardinagem, trenós para crianças, gratuitamente.

Resolução n.º 62 do Conselho de Ministros da República do Usbequistão, de 8 de fevereiro de 2022 - Base de dados legislativa nacional, 8 de fevereiro de 2022, n.º 09/22/62/0111)

33. Objectos com uma dimensão de 60 cm x 40 cm x 20 cm a 100 cm x 50 cm x 30 cm e um comprimento de 150 cm a 200 cm, bem como um peso superior a 20 kg, independentemente do tamanho O transporte da bagagem é efectuado mediante o pagamento de uma taxa de acordo com a tarifa.

34. A bagagem cujo tamanho excede mesmo um dos maiores tamanhos especificados no ponto 33 é considerada incompatível com os parâmetros especificados.

35. A colocação e o transporte das bagagens devem excluir completamente a possibilidade de qualquer dano para os passageiros e para o veículo.

36. O custo do transporte das bagagens é determinado da mesma forma que o custo da tarifa do passageiro.

Capítulo IV. Transporte de passageiros e bagagens em trajectos suburbanos, interurbanos e internacionais

§ 1 Regras gerais

37. De acordo com a natureza do serviço público, as linhas suburbanas, interurbanas e internacionais podem ter os seguintes modos de exploração:

a) direcções permanentes válidas durante um determinado período de dias, semanas ou meses;

b) percursos sazonais organizados durante o período de atividade de zonas de lazer, complexos desportivos e de saúde, feiras e similares;

c) percursos especiais organizados por organizações para o transporte de trabalhadores, profissionais e empregados para o local de trabalho e para o domicílio.

Ver edição anterior.

38. A localização das estações nos percursos suburbanos deve ter em conta a possibilidade de chegada segura e cómoda dos passageiros e os requisitos legislativos, e devem ter

a decisão do Conselho de Ministros da República do Usbequistão n.º 153, de 4 de abril de 2022 - Base de dados nacional de informações legislativas, 04/05/2022, n.º 09/22/153/0266)

a) zonas pavimentadas para a colocação do pavilhão e caminhos pavimentados para a chegada dos passageiros à estação;

b) um pavilhão para proteger os passageiros da chuva, da neve e do vento;

c) Indicador com o nome da estação;

g) Indicador de itinerário, que mostra o seguinte: número de série dos itinerários, nome do destino final (de acordo com os itinerários de viagem), horas de partida dos autocarros deste destino quando o intervalo de viagem é superior a 30 minutos. Quando o intervalo de serviço dos autocarros no itinerário é inferior a 30 minutos, pode ser apresentada a tabela de intervalos de serviço em vez do horário. Mostra a hora da primeira e da última partida dos autocarros, bem como a hora dos intervalos de serviço de acordo com os períodos do dia.

39. As paragens nos percursos suburbanos devem situar-se nos locais mais convenientes para os passageiros:

a) as últimas paragens das linhas suburbanas da cidade devem situar-se perto dos grandes destinos de afluência de passageiros (estações e apeadeiros ferroviários, portos fluviais, mercados, últimas paragens do metro, etc.);

b) na cidade, os endereços de paragem das rotas suburbanas devem situar-se no mesmo local que os endereços de paragem das rotas de transporte de passageiros da cidade e devem ser acordados com as autoridades da cidade em matéria de gestão do tráfego;

c) a distância entre os pontos de paragem dos percursos suburbanos situados nos limites das zonas residenciais deve ser de cerca de 1,0 km e, nos outros casos, de 1,5 km em média;

g) As estações suburbanas devem estar localizadas na zona residencial de todos os residentes situados no trajeto.

deve ter as seguintes caraterísticas (exceto no que se refere às condições previstas nas alíneas "a" e "b" da cláusula 45)

a) bilheteiras com a ordem de trabalho indicada;

b) plataforma de embarque e desembarque de passageiros na zona de estacionamento;

c) parques de estacionamento para veículos automóveis;

g) tabelas de preços de tarifas e de taxas de transporte de bagagem;

d) esquema de direcções;

e) horário dos veículos a motor interurbanos (internacionais);

j) rede sanitária.

41. Nos pavilhões sem bilheteira e nos pontos de paragem das linhas interurbanas (internacionais), são afixados os horários dos veículos a motor que passam por esse ponto de paragem.

§ 2. Pagamento de portagens

Nos percursos suburbanos:

42. Os bilhetes para os autocarros das linhas suburbanas são vendidos pelos motoristas (condutores, se existirem) e pelas caixas nas paragens onde existem bilheteiras.

43. Um passageiro de um autocarro tem o direito de transportar gratuitamente crianças com menos de sete anos de idade.

44. Os bilhetes comprados pelo passageiro nas bilheteiras existentes para os percursos suburbanos podem ser devolvidos 5 minutos antes da partida do autocarro, salvo indicação em contrário no bilhete.

Nas rotas interurbanas e internacionais:

45. Bilhetes para viajar num veículo a motor de passageiros:

a) para voos do dia em curso - no dia em que o autocarro parte das bilheteiras nos destinos iniciais das rotas interurbanas (internacionais);

b) a partir do momento em que recebe informações sobre a disponibilidade de lugares no autocarro nos balcões de atendimento nos destinos intermédios;

c) do condutor, no momento do embarque no autocarro, antes da partida na paragem onde os bilhetes não são vendidos na bilheteira;

g) nos postos de venda antecipada de bilhetes (nos destinos de partida e de chegada, bem como nos locais organizados pelo transitário e outras entidades interessadas) - compra 10 dias antes da partida do veículo, sendo a venda antecipada de bilhetes suspensa na véspera do dia da partida tem direito a receber

A venda de bilhetes para as viagens do dia em curso nas bilheteiras dos destinos inicial e intermédio é interrompida 5 minutos antes da partida do autocarro.

46. Pode ser cobrada aos passageiros, incluindo os passageiros com direito a viagens preferenciais, uma taxa pela pré-reserva de bilhetes, para além do preço do bilhete.

Um desconto para os bilhetes comprados nas bilheteiras antecipadas em função do período de pré-compra, desde que o anúncio das condições e do montante do desconto seja obrigatoriamente afixado no ponto de venda ou no salão do veículo, ao critério da estação de autocarros (central de camionagem) ou da transportadora.

47. Os bilhetes podem ser encomendados antecipadamente por cartão postal, telegrama, telefone, correio eletrónico ou Internet.

A encomenda especifica o apelido do cliente, a data e a hora de partida, o destino, o número de bilhetes, o método de levantamento (com ou sem entrega ao domicílio). Ao encomendar um bilhete para entrega ao domicílio, é apresentado o endereço do cliente e, se existir um número de telefone de serviço ou de casa, é apresentado o número do cliente.

Ver edição anterior.

A compra e a receção de bilhetes também podem ser organizadas eletronicamente, em conformidade com a lei.

a decisão do Conselho de Ministros da República do Usbequistão n.º 153, de 4 de abril de 2022 - Base de dados nacional de informações legislativas, 04/05/2022, n.º 09/22/153/0266)

48. É cobrada ao passageiro uma taxa pela entrega ao domicílio dos bilhetes encomendados, é emitido um recibo ao passageiro como confirmação do pagamento, o nome da organização de transportes e a data de receção são indicados no recibo. As entradas são registadas de forma clara e a data indicada é informatizada ou carimbada.

49. Os bilhetes encomendados e pagos pelo passageiro são conservados na bilheteira até ao momento em que o passageiro os reclama.

Os bilhetes encomendados pelo passageiro, mas não pagos, são guardados na bilheteira antecipada e devem ser reclamados pelo passageiro pelo menos uma hora antes da partida do autocarro. Os bilhetes não reclamados serão colocados à venda na bilheteira atual.

50. O passageiro transporta uma criança com menos de cinco anos gratuitamente - sem lugar separado, uma criança entre os cinco e os dez anos com um desconto de 50% sobre o preço total do bilhete - com um lugar separado tem o direito de transportar, quando transporta duas ou mais crianças com menos de dez anos, uma delas é gratuita, as restantes - é deduzido 50% do preço total do bilhete, e são transportadas num lugar separado.

§ 3. Condições de condução

51. As viagens de passageiros em veículos a motor nos percursos suburbanos são efectuadas em conformidade com os n.os 26-28 e 30-31 do presente regulamento.

52. O número de passageiros num veículo a motor não deverá exceder o número de lugares sentados quando o transporte for efectuado em percursos interurbanos.

53. Quando a duração do tempo de trabalho do condutor for superior a 9 horas ou a distância do percurso for igual ou superior a 400 km, o autocarro que transporta passageiros deve dispor de um local para o repouso do condutor e dois condutores devem ser autorizados a viajar.

54. O condutor do veículo deve anotar a hora de chegada e de partida, bem como o número de bilhetes vendidos, na folha de registo de bilhetes, nos postos de controlo e nas

caixas registadoras das estações de autocarros (estações de autocarros) especificadas no horário.

55. O transporte nas rotas interurbanas é efectuado através de estações de autocarros (estações de autocarros) ou de endereços de partida e chegada especialmente organizados pelas transportadoras, que fornecem bilhetes aos passageiros.

Ver edição anterior.

Os passageiros dos autocarros interurbanos e internacionais estão cobertos por um seguro obrigatório nos termos da lei.

a decisão do Conselho de Ministros da República do Usbequistão n.º 153, de 4 de abril de 2022 - Base de dados nacional de informações legislativas, 04/05/2022, n.º 09/22/153/0266)

56. Quando o transporte é efectuado através de estações de autocarros (estações de autocarros), o transportador é obrigado a:

trazer os autocarros para a estação de autocarros (rodoviária) 20 minutos antes da partida;

apresentar ao despachante de serviço o certificado de habilitação para conduzir o autocarro, as fichas de registo de estrada e de bilhete, o horário e o esquema de itinerário;

garantir a disponibilidade de uma licença (cartão de licença) para o veículo a motor utilizado no trabalho.

57. Depois de o despachante de serviço da estação de autocarros (estação de autocarros) verificar os documentos do condutor:

a) Para o seguinte:

aos operadores de caixa - na venda de bilhetes para veículos;

ao locutor - para informar os passageiros sobre as informações necessárias;

dar instruções aos oficiais de serviço na supacha - preparar os locais de partida dos passageiros;

b) devem registar na caderneta informações sobre o(s) condutor(es) e o veículo, indicando o itinerário específico, o número de passageiros transportados e o montante total das receitas provenientes da venda de bilhetes.

58. Depois de sair da estação de autocarros (central de camionagem), o transportador deve seguir o esquema de percursos e respeitar o regime de velocidade, deve entrar nas estações de autocarros intermédias (centrais de camionagem) e nas bilheteiras previstas nos horários.

59. Após o termo da viagem, o condutor pernoitará no local do transportador ou na estação de autocarros (estação rodoviária) indicada no horário.

60. Os bilhetes são emitidos nas estações de autocarros (estações rodoviárias) e nas paragens onde existe uma bilheteira, se os passageiros apresentarem ao veículo os bilhetes

comprados na bilheteira. Os bilhetes só são válidos para o dia e a viagem de autocarro neles indicados, salvo disposição em contrário no acordo entre as partes e anunciada no momento da venda do bilhete.

61. No momento da emissão do autocarro, o funcionário de serviço verifica se os passageiros têm bilhetes. Os bilhetes são controlados pelo condutor nos pontos onde não há serviço de emissão.

62. Nas rotas de longo curso e internacionais, salvo disposição em contrário no acordo entre as partes e anunciado aquando da venda dos bilhetes:

a) um documento para viajar de autocarro, a pedido do passageiro, no prazo de três horas a contar da hora de partida do veículo para o qual o bilhete foi comprado e, em caso de atraso de três dias devido a doença ou acidente, com um pagamento adicional de 25% do preço do bilhete, este ser-lhe-á restituído ou devolvido com uma dedução de 25% do preço pago do bilhete.

O facto de o passageiro estar atrasado para o autocarro devido a doença ou acidente deve ser confirmado por um atestado de uma instituição médica ou por um certificado de acidente;

b) se o bilhete for devolvido à bilheteira da estação de autocarros (central de camionagem) pelo menos 2 horas antes da partida do veículo, o preço do bilhete será reembolsado ao passageiro menos a taxa de pré-venda. Se o bilhete for devolvido após este período, mas antes da partida do veículo, o preço do bilhete será reembolsado após dedução de 15% do seu valor e de uma taxa de venda antecipada;

v) quando a partida do veículo a motor sofrer um atraso de mais de 1 hora em relação ao horário previsto, quando for atribuído ao passageiro um lugar num veículo a motor de classe inferior àquela para a qual o bilhete foi vendido, bem como se não lhe for atribuído o lugar indicado no bilhete, devolver o bilhete à bilheteira até à partida do veículo a motor e pagar o preço total do bilhete, tem direito ao reembolso do seu preço, incluindo a taxa de pré-venda.

Se o passageiro aceitar viajar num veículo de classe inferior, ser-lhe-á reembolsada a diferença entre o montante pago e a tarifa paga.

O dinheiro será devolvido de acordo com as instruções do chefe (ou oficial de serviço) da estação de autocarros (central de camionagem), ponto de expedição do veículo. O bilhete será devolvido com um carimbo de "devolução" no verso, bem como a hora a que o passageiro o entregou e o valor do bilhete devolvido.

O dinheiro é entregue pela caixa com a assinatura do passageiro no recibo dos bilhetes e a devolução do dinheiro, a data da viagem, o número de ordem, o nome do itinerário, o número e o preço do bilhete são indicados no recibo.

O bilhete devolvido e os outros documentos que servem de base ao reembolso (recibo de adiantamento, bilhete de bagagem, etc.) são anexados ao relatório da caixa juntamente com o recibo.

63. Se for atribuído um veículo com um preço de bilhete mais elevado em vez do veículo especificado no horário, o passageiro que comprou o bilhete antes deste anúncio tem o direito de partir com este bilhete sem pagamento adicional. A partir do momento em que for anunciada a mudança de autocarro, os bilhetes serão vendidos à tarifa mais elevada fixada com o devido aviso aos passageiros.

64. Se o passageiro for deixado para trás pelo veículo que efectua o percurso por sua própria culpa, o bilhete não será reemitido para a viagem seguinte e o dinheiro relativo à distância não percorrida não será reembolsado.

65. No caso de os documentos de viagem comprados antecipadamente pelas organizações serem devolvidos às caixas das estações de autocarros (estações rodoviárias) 3 dias antes da partida do veículo, salvo exceção anunciada no acordo das partes e aquando da venda dos bilhetes, o valor dos documentos de viagem ser-lhes-á reembolsado, deduzido o montante da sua venda antecipada. Se os documentos de viagem forem devolvidos depois deste prazo, ser-lhe-á deduzido 15% do preço do bilhete.

Quando a partida do veículo é cancelada ou os documentos de viagem são devolvidos, o montante da tarifa não é deduzido, independentemente do período de devolução.

66. O pagamento dos bilhetes devolvidos e não utilizados e de outros documentos de viagem é efectuado no local de aquisição dos documentos de viagem.

§ 3. bagagem de mão e transporte de bagagens

67. As bagagens registadas devem ser cuidadosamente embaladas. É emitido um bilhete de bagagem para a bagagem aceite para transporte.

De acordo com os parâmetros da bagageira do automóvel, o transportador tem o direito de aumentar o número e o peso dos lugares de bagagem aceites para transporte sem aumentar a capacidade total e a capacidade de carga do automóvel.

Nos percursos suburbanos:

Ver edição anterior.

68. O tamanho do passageiro é até 60 cm x 40 cm x 20 centímetros e o peso não é superior a 20 quilogramas, o comprimento até 150 centímetros, bem como pequenos animais e pássaros numa gaiola, um carrinho de bebé (as crianças, as pessoas com deficiência têm o direito de transportar carrinhos de bebé e carrinhos de bebé de outras pessoas), pequeno equipamento de jardim, trenós para crianças com eles gratuitamente.

Resolução n.º 62 do Conselho de Ministros da República do Usbequistão, de 8 de fevereiro de 2022 - Base de dados legislativa nacional, 8 de fevereiro de 2022, n.º 09/22/62/0111)

69. Nos autocarros que efectuam o transporte pela cidade e o transporte aéreo de passageiros para e entre aeroportos, e que dispõem de uma bagageira (otseki), o passageiro paga por duas bagagens, cada uma com as dimensões de 100 cm x 50 cm x 30 cm e com um comprimento máximo de 150 a 200 cm.

70. A bagagem cujo tamanho exceda mesmo um dos maiores tamanhos especificados no ponto 69 é considerada incompatível com os parâmetros especificados.

71. Os bilhetes para o transporte de bagagens em veículos a motor nos percursos suburbanos são vendidos pelos condutores (se existirem) e pelos operadores de caixa (supervisores de plataforma) nos últimos destinos dos percursos em que existem bilheteiras.

Nas rotas interurbanas e internacionais:

72. Um passageiro em veículos a motor interurbanos (internacionais) com ele:

a) bagagem de mão com as dimensões de 60 cm x 40 cm x 20 cm e peso não superior a 30 kg, incluindo pequenos animais e pássaros numa gaiola ou um par de esquis (trenós para crianças), 150 objectos com um centímetro de comprimento no máximo - gratuito;

b) nos autocarros sem bagageira - dimensão 100 cm x 50 cm x 30 cm. bagagem que não exceda e não pese mais de 60 quilogramas, mediante o pagamento de uma taxa de acordo com a tarifa de um lugar;

c) nos autocarros com bagageira (otseki), a bagagem com dimensões não superiores a 100 cm x 50 cm x 20 cm, peso não superior a 60 kg e comprimento entre 150 e 200 cm - tem direito a transportar dois lugares.

73. Se a dimensão das bagagens exceder a dimensão de uma das maiores dimensões especificadas no ponto 72, considera-se que não está em conformidade com os parâmetros especificados.

§ 4. Transporte de bagagens em carrinhos de bagagens

74. O passageiro tem o direito de entregar a sua bagagem para ser transportada em carrinhos de bagagens nos trajectos interurbanos (internacionais) em que esteja organizada a circulação de carrinhos de bagagens (carga).

75. A bagagem dos passageiros é aceite para transporte nas carruagens de bagagem mediante a apresentação dos bilhetes. Pode ser aceite bagagem com um peso total não superior a 150 quilogramas por cada bilhete de viagem (bilhete completo ou de criança). A transportadora tem o direito de aumentar o espaço e o peso das bagagens aceites para transporte, em função dos parâmetros da carruagem de bagagens.

76. Devido às suas dimensões, embalagem e caraterísticas, a bagagem apresentada para transporte não deve causar dificuldades no seu carregamento e colocação na carruagem das bagagens e não deve danificar as bagagens dos outros passageiros. É necessário garantir que o contentor e a embalagem da bagagem estão intactos e preservados durante todo o transporte.

Quando a bagagem é embalada, existe um risco de perda da bagagem ou de defeitos que podem ser danificados, estes defeitos podem ser assinalados nos documentos de transporte e a bagagem pode ser aceite.

77. O passageiro que pretenda enviar a sua bagagem na carruagem das bagagens deve entregá-la com antecedência, mas apresentá-la o mais tardar 20 minutos após a partida da carruagem das bagagens.

78. Como confirmação da aceitação da bagagem para transporte, é entregue ao passageiro um recibo de bagagem do modelo especificado.

79. Quando o passageiro entrega a bagagem para transporte, tem o direito de anunciar o seu preço, consoante o valor da bagagem entregue com o pagamento da tarifa especificada.

80. Quando a bagagem chega ao destino, é entregue à pessoa que apresenta o talão de bagagem.

81. A bagagem aceite para transporte separadamente do passageiro deve ser entregue neste endereço o mais tardar no dia da chegada prevista do passageiro ao destino.

82. A bagagem não reclamada pelo passageiro será armazenada na estação de autocarros ou no endereço de entrega designado durante 30 dias após a data de entrega estipulada pela transportadora. O armazenamento da bagagem é cobrado à taxa.

Ver edição anterior.

A bagagem não reclamada pode ser vendida após 30 dias a contar da data de entrega especificada e o produto da venda pode ser distribuído em conformidade com a lei.

a decisão do Conselho de Ministros da República do Usbequistão n.º 153 de 4 de abril de 2022 - Base de dados nacional de informações legislativas, 04/05/2022, n.º 09/22/153/0266)

§ 5. Formalização da transferência de objectos esquecidos pelos passageiros para o armazém

Ver edição anterior.

83. Os objectos esquecidos pelos passageiros devem ser entregues pelo condutor ao chefe de turno da estação de autocarros (estação de autocarros) ou ao despachante de serviço do transportador no final da viagem e, se não o forem, ao centro de serviços do Estado, de acordo com as modalidades previstas.

Resolução n.º 28 do Conselho de Ministros da República do Usbequistão, de 18 de janeiro de 2022 - Base de dados legislativa nacional, 19 de janeiro de 2022, n.º 09/22/28/0041)

Ver edição anterior.

84. O funcionário de serviço da estação de autocarros (estação de autocarros), o despachante de serviço do transportador devem redigir um documento em duplicado com a lista dos objectos esquecidos na presença da pessoa que trouxe os objectos encontrados.

Resolução n.º 28 do Conselho de Ministros da República do Usbequistão, de 18 de janeiro de 2022 - Base de dados legislativa nacional, 19 de janeiro de 2022, n.º 09/22/28/0041)

85. Após o estabelecimento da escritura, o armazenista recebe dois exemplares do recibo, um dos quais é deixado na transportadora e o outro é entregue ao armazenista juntamente com todos os artigos para entrega no armazém.

86. O oficial de serviço da estação de autocarros (estação de autocarros) ou o despachante de serviço do transportador deve dar uma explicação às perguntas do passageiro relacionadas com a busca de objectos que esqueceu no veículo.

Capítulo V. Estações de autocarros de passageiros (estações de autocarros)

87. Estações de autocarros (estações de autocarros) para o serviço de passageiros em zonas residenciais e rodoviárias e para a gestão rápida do tráfego de autocarros em rotas internacionais, interurbanas e suburbanas, para a colocação de salas de serviço e salas de repouso para motoristas.

Ver edição anterior.

Cada estação de autocarros deve ter o seu próprio passaporte do modelo especificado. O passaporte é emitido pelo Ministério dos Transportes da República de Karakalpakstan, pelos departamentos de transportes regionais e da cidade de Tashkent.

a decisão do Conselho de Ministros da República do Usbequistão n.º 271, de 8 de maio de 2020 - Base de dados nacional de documentos jurídicos, 08.05.2020, n.º 09/20/271/0565)

Ver edição anterior.

88. As estações de autocarros (estações de autocarros) estão divididas em determinadas categorias e classes. O regulamento que define a ordem de inclusão das estações de autocarros de passageiros (estações de autocarros) em categorias e classes, a sua função, o processo tecnológico de trabalho é aprovado pelo Ministério dos Transportes da República do Usbequistão.

Resolução n.º 271 do Conselho de Ministros da República do Usbequistão, de 8 de maio de 2020 - Base de dados nacional de documentos jurídicos, 08/05/2020, n.º 09/20/271/0565)

Capítulo VI. Transporte de passageiros em autocarros e veículos ligeiros de passageiros fornecidos a pessoas singulares e colectivas no âmbito de encomendas (ordens) ou outros contratos de transporte

§ 1 Regras gerais

89. A transportadora fornece autocarros e automóveis a pessoas singulares e colectivas de acordo com as suas encomendas (ordens) ou outros contratos de transporte.

90. Os autocarros e os automóveis de passageiros são emitidos fora da cidade de acordo com as ordens (encomendas) ou outros contratos de transporte na direção da rede

de rotas atual da transportadora, os condutores de outras rotas que não correspondam às rotas actuais são fornecidos antecipadamente após as instruções sobre segurança rodoviária.

91. É estritamente proibido desviar-se do itinerário especificado, aumentar a velocidade de circulação, transportar passageiros para além da capacidade especificada do veículo a motor, violar a ordem de trabalho e o descanso dos condutores.

92. No formulário de encomenda (encomenda), contrato de transporte, o cliente deve especificar o destino, o itinerário de participação, o local de paragem, o número de passageiros transportados, o apelido, o nome próprio e o patronímico da pessoa responsável pelo transporte (chefe de grupo, guia turístico). O cliente deve indicar a duração da estadia do veículo com o cliente.

93. As encomendas para a organização do transporte de crianças são aceites pelos transportadores quando estão preenchidas as condições para o acompanhamento dos grupos por professores ou adultos especialmente designados (não mais de 15 crianças por adulto). O pessoal médico é afetado ao acompanhamento dos grupos de crianças em idade escolar durante o transporte.

94. No transporte coletivo de crianças, são tomadas medidas adicionais para a segurança das crianças especificadas no Código da Estrada.

§ 2. Pagamento de portagens

95. Os montantes das tarifas para o transporte de passageiros e bagagens em autocarros e veículos de passageiros emitidos de acordo com encomendas (ordens) ou outros contratos de transporte são determinados com base no contrato entre a transportadora e o cliente. O pagamento dos autocarros e veículos de passageiros atribuídos pode ser determinado em função do tempo ou das tarifas comerciais.

96. O tempo de utilização de um autocarro e de um automóvel de passageiros, desde a saída da garagem até ao regresso à garagem, excluindo o tempo de repouso do condutor, é calculado aquando da emissão de ordens (encomendas) ou de outros contratos de transporte.

Capítulo VII. Transporte de passageiros e de bagagens em táxis sem rota

§ 1 Regras gerais

97. Os táxis não dirigidos destinam-se a utilização individual em transportes urbanos, suburbanos, interurbanos e internacionais.

98. Passageiros:

Ver edição anterior.

a) em lugares de estacionamento especialmente equipados de táxis não direcionais organizados em zonas densamente povoadas, em zonas adjacentes a estações de autocarros (estações de autocarros), estações ferroviárias e aeroportos;

Resolução n.º 116 do Conselho de Ministros da República do Usbequistão, de 18 de março de 2023 - Base de dados nacional de informação legislativa, 22 de março de 2023, n.º 09/23/116/0158)

b) nos troços da rede viária em que é permitida a paragem do tráfego em causa;

c) os passageiros podem ser recolhidos e desembarcados dos táxis não guiados nos pontos de partida dos táxis não guiados, por ordem dos passageiros.

§ 2. Pagamento de portagens

99. O montante das tarifas de transporte de passageiros e de transporte de bagagens dos táxis sem rota é determinado pela transportadora.

Ver edição anterior.

Neste caso, os agregadores podem definir tarifas "Standard", "Business", "Economy", "Comfort" para os táxis não direcionais, consoante os tipos de veículos que servem na cidade de Tashkent.

Decisão do Conselho de Ministros da República do Usbequistão n.º 116, de 18 de março de 2023 - Base de dados nacional de informações legislativas, 22.03.2023, n.º 09/23/116/0158)

Ver edição anterior.

Ver edição anterior.

100. A tarifa é paga pelo passageiro após o fim da viagem e após a descarga das bagagens, independentemente do número de passageiros e de bagagens transportadas, de acordo com o taxímetro. O pagamento ao motorista é feito em dinheiro ou com os fundos de cartões bancários de plástico, utilizando o terminal de pagamento ou com a ajuda de uma ferramenta de pagamento eletrónico através da Internet.

a decisão do Conselho de Ministros da República do Usbequistão n.º 434, de 9 de junho de 2018 - Base de dados nacional de documentos jurídicos, 11.06.2018, n.º 09/18/434/1339)

Se um táxi sem direção for alugado por vários passageiros (com o consentimento do primeiro passageiro da fila) na paragem ou se um passageiro com o mesmo itinerário for libertado com o consentimento do passageiro que alugou o táxi, a tarifa o montante total do pagamento é distribuído pelos passageiros proporcionalmente à distância percorrida por cada passageiro.

101. Ao levar passageiros para um táxi sem direção, o motorista deve ajudar a colocar a bagagem e, no final da viagem, lembrar o passageiro de descarregar os seus pertences e bagagem.

Se encomendar um táxi sem indicações prévias, o condutor deve chegar com o veículo à hora indicada.

§ 3. Condições de transporte

102. Os táxis sem indicações são alugados nas paragens designadas pela ordem da fila geral.

103. Os pedidos de táxis para os arredores da cidade são aceites pelo despachante por telefone e pessoalmente pelo passageiro.

O custo do lançamento de um táxi sem direção é pago pelo cliente segundo o indicador do taxímetro, de acordo com a tarifa fixada pela ordem.

104. Um táxi sem direção espera um passageiro a seu pedido, mediante pagamento de uma taxa separada, por acordo mútuo das partes.

§ 4. Bagagem de mão e transporte de bagagens

105. O transporte de bagagens na bagageira dos táxis sem carreiras só é permitido se existir um compartimento de bagagens fechado.

É permitido transportar todo o tipo de artigos e objectos na cabina dos táxis não direcionais, que passem facilmente pela porta do veículo, não danifiquem ou sujem os estofos interiores e o seu equipamento e não interfiram com o controlo do veículo pelo condutor e a utilização do espelho retrovisor.

É permitido o transporte de cães e gatos com açaime, de pequenos animais em cestos e sacos e de aves em gaiolas, desde que tenham trela e cama.

Capítulo VIII. Transporte rodoviário de passageiros militares

Ver edição anterior.

106. Os passageiros militares são transportados de acordo com os documentos da Guarda Nacional da República do Usbequistão, do Ministério da Defesa da República do Usbequistão, do Ministério dos Assuntos Internos da República do Usbequistão, do Serviço de Segurança do Estado, do Serviço de Segurança do Estado da República do Usbequistão. pessoas cuja marcha está formalizada e os seus familiares incluídos nesses documentos.

Resolução n.º 748 do Conselho de Ministros da República do Usbequistão, de 20 de setembro de 2018 - Base de dados nacional de documentos jurídicos, 21/09/2018, n.º 18/09/748/2024)

Ver edição anterior.

107. Transporte de passageiros militares para este efeito, os documentos para o transporte de pessoal militar pela Guarda Nacional da República do Usbequistão, o Ministério da Defesa, o Ministério dos Assuntos Internos, o Serviço de Segurança do Estado e as Tropas de Fronteira do Serviço de Segurança do Estado, de forma centralizada através do Banco Central da República do Usbequistão, são efectuados com o cálculo de acordo com

a decisão do Conselho de Ministros da República do Usbequistão n.º 748 de 20 de setembro de 2018 - Base de dados nacional de documentos jurídicos, 21/09/2018, n.º 18/09/748/2024)

O transporte do pessoal militar pode ser pago com cheques da caderneta do Banco Central, ordens de pagamento aceites pelos bancos ou em numerário.

108. Os documentos de transporte militar são aceites em todas as estações rodoviárias (estações de autocarros) do território da República do Usbequistão.

Ver <u>edição anterior.</u>

Os documentos de transporte militar emitidos pelas unidades e instituições militares da Guarda Nacional, do Ministério da Defesa, do Ministério da Administração Interna, do Serviço de Segurança do Estado e do Serviço de Segurança do Estado do Serviço de Guarda de Fronteiras da República do Usbequistão devem ter marcas distintivas que identifiquem a sua afiliação ao ministério e departamento competentes. .

<u>a decisão</u> do Conselho de Ministros da República do Usbequistão n.º 748 de 20 de setembro de 2018 - Base de dados nacional de documentos jurídicos, 21/09/2018, n.º 18/09/748/2024)

109. Os documentos de transporte militar destinam-se à obtenção de bilhetes para o transporte de passageiros até ao destino e de bagagens na cidade, no tráfego intra-regional, inter-regional e internacional.

Os documentos de transporte militar são os seguintes

a) Para o transporte rodoviário de bens militares e de bens de uso doméstico - aplicação;

b) para obter bilhetes para uma pessoa ou uma equipa militar de mais de duas pessoas para se deslocarem ao destino em transportes rodoviários intra-provinciais e inter-provinciais - candidatura;

c) para o transporte de bagagem - bilhete de bagagem. Os títulos de transporte de bagagem são trocados por bilhetes ou recibos de bagagem nas bilheteiras das estações de autocarros de partida (estações de autocarros). Todos os tipos de documentos de transporte militar são trocados por bilhetes de formulário comum, bilhetes de bagagem ou recibos nas bilheteiras da estação de partida.

Capítulo IX. Regras gerais aplicáveis aos passageiros que utilizam o direito de viagem preferencial ou gratuita em veículos

110. As pessoas que têm direito a viajar gratuitamente ou preferencialmente em veículos a motor, independentemente da sua filiação ou forma de propriedade, são autorizadas a viajar gratuitamente e preferencialmente nos seus autocarros de carreira.

111. As regras e condições aplicáveis ao transporte de passageiros em veículos automóveis são obrigatórias para os passageiros que viajam gratuitamente em veículos automóveis, bem como para os que utilizam viagens preferenciais.

112. Os pagamentos relativos ao transporte de bagagens e aos serviços prestados pelos passageiros com direito a viagens gratuitas ou preferenciais nos autocarros são efectuados numa base geral.

Capítulo X. Responsabilidade, objecções e reclamações dos transportadores, passageiros e pessoas que emitiram uma ordem (ordem) ou celebraram outro contrato de transporte

§ 1. responsabilidade do transportador

Ver <u>edição anterior.</u>

113. Em caso de incumprimento ou não cumprimento das obrigações decorrentes do contrato de transporte de passageiros e bagagens, as transportadoras são financeiramente responsáveis, de acordo com o procedimento previsto no presente Regulamento e demais legislação.

<u>Resolução</u> n.º 153 do Conselho de Ministros da República do Usbequistão, de 4 de abril de 2022 - Base de dados nacional de informação legislativa, 04/05/2022, n.º 09/22/153/0266)

114. Em caso de perda, falta, avaria ou dano das bagagens aceites para transporte, se as transportadoras não puderem provar que a perda, falta, avaria ou dano não lhes foi imputável, são financeiramente responsáveis e pagam a indemnização.

Danos causados durante o transporte das bagagens pelo transportador nos seguintes montantes:

em caso de perda ou falta de bagagem - no montante do valor perdido ou insuficiente da carga ou da bagagem;

se a bagagem estiver danificada (deteriorada) - no montante do valor reduzido da bagagem e, se não for possível repor a bagagem danificada (deteriorada), no montante do seu valor;

em caso de perda da bagagem entregue para transporte com valor declarado - é pago o montante do valor declarado da bagagem.

115. Quando os autocarros e os veículos de passageiros não são entregues pela transportadora na quantidade aceite para execução de acordo com a ordem (encomenda) ou outros contratos de transporte, ou quando a libertação desses autocarros e veículos de passageiros é atrasada, a transportadora, se as partes concordarem, salvo disposição em contrário, paga ao cliente 10% do custo de utilização dos autocarros e veículos com base no tempo de utilização especificado na ordem (encomenda) ou contrato.

116. Pelo atraso na expedição de um veículo a motor para o transporte de passageiros, com exceção do transporte de passageiros em percursos urbanos, ou pelo atraso na chegada ao destino, a transportadora é responsável se o atraso for causado por força maior ou por outros motivos alheios à sua vontade. se não conseguir provar que o fez, pagará uma multa ao passageiro.

O despachante de serviço da estação de autocarros (central de autocarros) elabora um relatório relativo ao atraso no envio do veículo para transporte de passageiros ou à chegada tardia ao destino designado. O documento indica a hora de partida (chegada) do veículo automóvel de acordo com o horário aprovado e a hora efectiva de partida (chegada). O documento é assinado pelo despachante de serviço e por dois passageiros. Se não houver um despachante de serviço na estação de autocarros (central de autocarros), o documento é assinado por pelo menos três passageiros.

O montante da multa paga ao passageiro pelo atraso na partida (chegada) do veículo é de 10% do preço do bilhete para a primeira hora completa (60 minutos) de atraso na partida (chegada), dependendo da sua duração, e por cada 15 minutos subsequentes de atraso na partida (chegada), é calculado 3% do preço do bilhete. O montante total da coima não deve exceder 50% do preço do bilhete.

A multa é paga ao passageiro pelo transportador ou de acordo com as instruções escritas do chefe da estação de autocarros (estação de autocarros).

Ver edição anterior.

A coima paga ao passageiro não o isenta da obrigação de pagar os danos causados ao passageiro devido à partida tardia do veículo a motor ou à chegada tardia do veículo, nos termos da legislação em vigor. Se o passageiro recusar o transporte devido à partida tardia do veículo, o transportador é obrigado a reembolsar ao passageiro a tarifa e outras despesas por ele efectuadas.

a decisão do Conselho de Ministros da República do Usbequistão n.º 153, de 4 de abril de 2022 - Base de dados nacional de informações legislativas, 04/05/2022, n.º 09/22/153/0266)

Ver edição anterior.

117. O transportador é responsável pelos danos causados à vida e à saúde do passageiro, nos termos da lei.

a Resolução do Conselho de Ministros da República do Usbequistão n.º 153, de 4 de abril de 2022 - Base de dados legislativa nacional, 04/05/2022, n.º 09/22/153/0266)

§ 2. Responsabilidade dos passageiros e das pessoas que tenham dado ordens ou celebrado outros contratos de transporte

Ver edição anterior.

118. Os passageiros são responsáveis pelos danos ou prejuízos causados ao equipamento e ao inventário dos veículos a motor, nos termos da lei.

a Resolução do Conselho de Ministros da República do Usbequistão n.º 153, de 4 de abril de 2022 - Base de dados legislativa nacional, 04/05/2022, n.º 09/22/153/0266)

119. As pessoas que, no momento do controlo, apresentem um título de transporte ou um certificado que não dê direito a circular ou a transportar bagagens neste veículo a motor são incluídas na categoria de passageiros sem título de transporte. Os bilhetes e certificados de viagem contrafeitos, falsamente emitidos ou emitidos devem ser confiscados pela pessoa que exerce o controlo.

120. As coimas são aplicadas pelos funcionários dos organismos de transporte automóvel ou de assuntos internos, em conformidade com o procedimento previsto no Código de Responsabilidade Administrativa da República do Usbequistão.

121. Quando uma coima é paga por um passageiro, é-lhe entregue um recibo no formato prescrito, indicando o montante cobrado. O pagamento da coima pelo passageiro não o isenta da compra de um bilhete ou de uma taxa de transporte de bagagem.

Se não for possível determinar o endereço de partida de um passageiro que não tenha um bilhete para viajar num veículo a motor e transportar a sua bagagem, o custo da sua viagem e do transporte da bagagem é calculado de acordo com a distância entre o endereço de partida e o endereço de chegada.

122. Quando as pessoas que emitiram uma ordem (encomenda) ou celebraram outro contrato de transporte se recusarem a utilizar autocarros e automóveis de passageiros, no todo ou em parte, serão pagas pelo seu trabalho no montante indicado na ordem (encomenda) ou no contrato, de acordo com a tarifa baseada no tempo, os indivíduos especificados pagam 10% do custo de utilização dos autocarros e automóveis ao transportador, com base no tempo de utilização especificado na ordem (encomenda) ou no contrato.

§ 3. Objecções, reclamações

123. As objecções que surjam durante o transporte de passageiros e bagagens podem ser apresentadas ao transportador no local de partida ou de chegada, a pedido do oponente.

Os pedidos de oposição devem ser acompanhados de documentos que confirmem a oposição.

124. As objecções ao transportador podem ser apresentadas no prazo de 6 meses e as objecções ao pagamento de coimas podem ser apresentadas no prazo de 45 dias.

Os prazos previstos:

a) No que diz respeito às reclamações relativas a pagamentos por danos, avarias ou falta de bagagem - a partir do dia da entrega da bagagem;

b) sobre as reclamações relativas à indemnização por perda de bagagem - 10 dias após o termo das condições de entrega da bagagem;

c) em todos os outros casos - é calculada a partir do dia da ocorrência dos factos que constituem motivo de objeção.

125. A transportadora recebe a objeção nos seguintes prazos:

a) sobre as objecções resultantes do transporte rodoviário - no prazo de 3 meses;

b) no caso de objecções surgidas no tráfego direto e misto - no prazo de 6 meses;

v) sobre objecções ao pagamento de uma coima - deve analisar a objeção e informar o requerente sobre a sua satisfação no prazo de 45 dias.

Quando as objecções forem parcialmente satisfeitas ou rejeitadas, a transportadora deve indicar o motivo da decisão na notificação e devolver ao requerente os documentos anexos às objecções.

Se as objecções forem satisfeitas na íntegra, os documentos anexos ao pedido não serão devolvidos.

126. Os pedidos de indemnização decorrentes do transporte de passageiros e de bagagens podem ser apresentados em tribunal.

yes I want morebooks!

Buy your books fast and straightforward online - at one of world's fastest growing online book stores! Environmentally sound due to Print-on-Demand technologies.

Buy your books online at
www.morebooks.shop

Compre os seus livros mais rápido e diretamente na internet, em uma das livrarias on-line com o maior crescimento no mundo! Produção que protege o meio ambiente através das tecnologias de impressão sob demanda.

Compre os seus livros on-line em
www.morebooks.shop

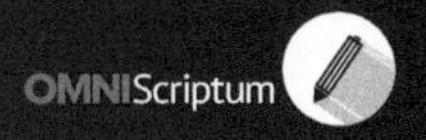

Printed by Books on Demand GmbH, Norderstedt / Germany